U0277612

无线通信简史
从电磁波到5G

[芬] 彼得里·劳尼艾宁 (Petri Launiainen) ◎著
蒋楠◎译

A Brief History
of Everything
Wireless

HOW
INVISIBLE WAVES
HAVE CHANGED
THE WORLD

人民邮电出版社
北 京

图书在版编目（CIP）数据

无线通信简史：从电磁波到5G / （芬）彼得里·劳尼艾宁
(Petri Launiainen) 著；蒋楠译 . —— 北京：人民邮电出版社，
2020.4（图灵新知）
ISBN 978-7-115-53451-4

Ⅰ . ①无… Ⅱ . ①彼… ②蒋… Ⅲ . ①无线电通信 –
技术史 – 世界 Ⅳ . ① TN92-091

中国版本图书馆 CIP 数据核字 (2020) 第 032084 号

内 容 提 要

　　自从人类发现了电磁波，150 年来，无线通信不仅改变了我们的日常生活，而且从根本上改变了世界历史的进程。本书生动叙述了无线通信发展的历史，详细剖析了每一次技术进步所涉及的人物、公司和热点事件，特别指出了每一项新发明对社会产生的重大影响。从早期的火花隙式发射器开始，到无线电和电视广播的出现、导航和雷达的兴起，再到卫星通信、近场通信和光学通信的崛起，到家庭无线网络的发展和现代蜂窝技术的爆炸性增长，全景展示了无线通信技术的发展轨迹。最后，展望了 5G 及无线通信技术未来的发展方向。本书适用于对无线通信历史、5G、通信行业发展感兴趣的读者。

◆ 著　　　　　［芬］彼得里·劳尼艾宁
　　译　　　　　蒋　楠
　　责任编辑　　傅志红
　　责任印制　　周昇亮

◆ 人民邮电出版社出版发行　　北京市丰台区成寿寺路 11 号
　　邮编　100164　　电子邮件　315@ptpress.com.cn
　　网址　https://www.ptpress.com.cn
　　北京盛通印刷股份有限公司印刷

◆ 开本：720×960　1/16
　　印张：21　　　　　　　　　　　2020 年 4 月第 1 版
　　字数：220 千字　　　　　　　　2024 年 12 月北京第11次印刷
　　　　著作权登记号　图字：01-2019-6610 号

定价：99.00 元

中文版序

在《无线通信简史：从电磁波到 5G》（以下简称《无线通信简史》）英文版面世一年多以后，我得知人民邮电出版社图灵公司计划引进该书，中译本将于 2020 年与读者见面。我与译者蒋楠先生密切合作，对英文版做了若干修正和补充，并添加了部分图片。因此，目前呈现在中国读者面前的是一部内容翔实、图文并茂的《无线通信简史》。

中国无线通信技术的发展沿袭本书第 4 章"黄金时代"所述的模式：智能手机起初只是大众获取新闻的便捷手段，但最终与日常生活融为一体。基于智能手机的移动支付以第 13 章"身份识别"探讨的技术为基础，无疑是中国处于新技术应用前沿的有力佐证。

总体而言，中国在科技领域的崛起值得大书特书：从 1949 年到 2020 年，中国的变化令世人震惊。而中国在 3G 技术推广过程中采取的独有方式表明，这个拥有全球最多人口的东方大国可以发挥更大的影响力。

2020 年，第三代北斗卫星导航系统将完成全部组网卫星发射。"北斗"是中国应用无线技术的一个缩影，其复杂程度堪与迄今为止以这些无形电波为基础构建的任何系统相媲美。

外界并未对中国的快速发展视而不见。过去几十年里，中国发生的根本性变化颠覆了由高科技巨头建立的既有国际秩序。技术之间的界限因而变得日益模糊。尽管中国电信巨头华为的 5G 技术受到某些西方国家的无端指责，但在我看来，"华为事件"对中国而言更是一次机遇，因为中国有望就此摆脱尖端电子元件受制于西方的窘况。虽然重构过程中的阵痛可能无法避免，但众所周知，中国拥有可以填补空白的大量资源。

正因为如此，从长远来看，技术上更加独立于中国是利好，于西方竞争对手却是重大损失。因为西方国家将逐渐失去全球最大的市场之一，其国内竞争将因此而加剧。我们看到，季度驱动型经济与有中国特色的市场经济之间存在根本性区别。有中国特色的市场经济放眼未来，致力于实现长期繁荣，而非计较短期收益。截至本书写作时，美国发动的"贸易战"或已引发政策变化，最终可能对美国经济造成极其负面的影响。

对中国这样一个幅员辽阔、人口众多的国家而言，技术领域的变革取得的成果令人震惊——目前旅居西班牙巴塞罗那的我对街上行驶的第一批全电动公交车赞赏有加，而中国深圳的 1.6 万辆公交车早在一年前就已全部改装为电动公交车。

考虑到中国的市场规模，即便是价格不菲的尖端技术也能迅速达到落地应用所需的规模，从而在短时间内降低制造成本，惠及普罗大众。拜投放市场的首批 5G 平价手机所赐，5G 技术有望在 2020 年取得突破，而 6G 技术的研发工作多年前就已开始。

中国电信巨头华为是下一代无线通信技术发展的领军者之一。

2019 年 9 月，华为公司首席执行官任正非在接受《经济学人》专访时表示，6G 技术的研发工作进展顺利，但 10 年后可能才会投入使用。

6G 技术的具体内容还不尽明朗，但无线通信的发展轨迹或许和计算机芯片并无二致：可用容量始终难以满足新应用的需求，而用户对容量的渴求似乎永无止境。对我们这一代人而言，蜂窝技术革命堪称日常生活中最大的根本性转变。人类社会历经无数艰辛才发展到今天，了解个中况味总有益处。这些正是本书准备探讨的内容。

我很荣幸《无线通信简史》能得到认可并译成中文，也希望中国读者可以从阅读本书中找到乐趣。对于我撰写的无线通信发展史，译者蒋楠先生和图灵公司的责任编辑郝莹表现出极大的热情并给予充分的信任，在此深表谢意。

彼得里·劳尼艾宁
西班牙巴塞罗那
2020 年 1 月

V

译者序

2019 年夏天，改编自马伯庸同名小说的古装悬疑剧《长安十二时辰》引发热议，遍布长安城的望楼也令不少人兴趣盎然。这种黑漆木亭高约 30 米，每隔 300 步就有一座，站在上面可以俯瞰全城。望楼的作用本是观察敌情，后被靖安司 ① 征用以追踪贼人行迹。为此，望楼之间通过一套"视觉传输系统"相互交流：每座望楼的四面均设有灯箱，目力敏锐的值守士兵发现需要传递的消息后，按照约定的暗语点亮或熄灭灯箱。不同的灯箱图案组合代表不同的文字，多个文字构成有意义的消息。消息在望楼之间层层传递，最终到达靖安司，再由靖安司官员查阅密码本进行解读。

望楼兼有消息传递和加密功能，从中已能看出现代无线通信系统的影子（不考虑信息的检错和纠错）。虽然没有使用电磁波作为传输介质，但值守士兵训练有素，依靠目视观察也能在短时间内完成消息传递。

无线通信技术推动了人类文明的发展，我们得以跨越交流的鸿沟。

---

① 靖安司是《长安十二时辰》中虚构的治安机构，负责汇总并解读各处望楼传来的消息，堪称长安城的"情报中心"和"数据中心"。——译者注

　　位于非洲东南部的马拉维是全球最不发达的国家之一，超过 85%的人口生活在农村地区。对电信基础设施极其薄弱的马拉维而言，部署有线网络耗资巨大。要想成为全球数字化社区的一员，借力电磁频谱或许是明智之举。2015 年，马拉维以空白电视频段 ② 为基础构建无线网络，从而将低成本宽带互联网服务扩展到撒哈拉以南的非洲。

　　人类从未停止太空探索的脚步，与地球平均距离为 2.25 亿千米的那颗红色星球吸引了众多科学家、工程师与普通民众的目光。2020 年3 月，美国国家航空航天局宣布将新一代火星车命名为"毅力"号。计划在火星耶泽洛陨石坑着陆的"毅力"号致力于寻找可能存在过的生命迹象，而数据如何跨越广袤空间从火星传回地球，无疑是行星际通信需要解决的问题之一。地 - 火通信主要通过中继卫星实现，采用若干高可用和高容量的中继节点构建深空骨干网络。而利用激光作为传输介质，或许能在很大程度上解决因距离遥远而造成的信号衰减问题。

　　美国 1977 年发射的"旅行者一号"是有史以来飞离地球最远的空间探测器。拜始建于 1958 年的深空网（DSN）所赐，"旅行者一号"在发射 40 多年后依然能收到来自地球的指令。目前，这艘探测器以每秒 17 千米的相对速度向银河系中心前进，发往地球的无线电信号需要经过 20 多个小时的长途跋涉才能到达设在美国、西班牙与澳大利亚的深空网地面测控站。"旅行者一号"搭载的放射性同位素热电机预计在 2025 年前后停止工作，届时它将彻底失去与地球的联系，成为永远

---

② 空白电视频段（TVWS）指分配给广播电视使用、但实际闲置未用的电磁频谱，服务提供商可以使用该频段为偏远地区提供宽带因特网接入服务。美国联邦通信委员会将空白电视频段命名为"超级 Wi-Fi"，但这项技术实际上与 Wi-Fi(无线局域网)并无关联。——译者注

漂泊在银河系的"宇宙浪子"。

相较于太空探索，5G 或许是无线通信技术最令人期待的应用之一。从发放牌照、网络建设到正式商用，处于全球 5G 产业第一梯队的中国仅用了不到半年时间。截至 2019 年年底，全球共有 34 个国家和地区推出了 5G 商用服务，2019 年是当之无愧的"5G 元年"。当然，商用并非衡量 5G 发展的唯一因素，5G 网络的巨额投入也令不少运营商顾虑重重。目前看来，物联网有望成为 5G 技术的"杀手级应用"，人工智能、智慧城市、工业互联网等领域也将因为 5G 赋能而发生翻天覆地的变化。

遗憾的是，由于众所周知的原因，5G 技术的领军者华为遭到美国不遗余力的打压。但"五眼联盟"[③] 内部也非铁板一块，英国已决定有限度允许华为参与其 5G 网络建设，加拿大的移动运营商同样不愿完全放弃与这家中国电信巨头的合作。一位日本工程师在社交媒体上写道："别把政治因素带进基站。"但愿有一天，这句话不再只是美好的期许。

在无线通信发展史上，各种引人入胜的故事层出不穷。为这段极其复杂的历史作传并非易事，《无线通信简史》堪称一次有益的尝试。

在我看来，简史类图书可以分为三种。以人民邮电出版社图灵公司引进的简史类图书为例：第一种由科普作家撰写，如广受好评的《信

---

③ "五眼联盟"（Five Eyes）是由美国、英国、加拿大、澳大利亚、新西兰等 5 个英语国家组成的情报联盟，其历史可以追溯到第二次世界大战期间英美两国的情报合作。2013 年"斯诺登事件"发生后，"五眼联盟"逐渐从幕后走向前台。——译者注

息简史》；第二种由大学教授执笔，如行文严谨的《计算机简史》；第三种则出自业内人士之手，如这本《无线通信简史》。

本书作者彼得里·劳尼艾宁曾担任诺基亚公司副总裁和诺基亚巴西研发中心首席技术官，是经验丰富的通信专家。劳尼艾宁见证了"百年老店"诺基亚的迭起兴衰，从业内人士的角度梳理了现代无线通信的发展脉络。这位前诺基亚高管也是一位 C++ 程序员，"IT 男"的背景或许能为读者带来不同于科普作家和大学教授的阅读体验。

在本书翻译过程中，我与密切关注中国通信行业发展的劳尼艾宁合作，共同调整并补充了英文版的部分内容。这位前诺基亚副总裁很高兴看到自己的作品与中国读者见面，他在中文版序中表示，"华为事件"对中国而言是一次机遇，因为中国有望就此摆脱尖端电子元件受制于西方的窘况。

感谢人民邮电出版社图灵公司副总经理傅志红女士对我的信任，也感谢本书责任编辑郝莹女士的辛勤工作。我与图灵的合作始于 2018 年，作为国内最优秀的出版机构之一，图灵团队的策划选题和质量把控能力在业界有口皆碑。

虽为"简史"，但《无线通信简史》包罗万象，翻译这样一部作品并非易事。由于译者水平有限，疏漏之处在所难免，恳请读者不吝赐教，提出宝贵的意见和建议。译者的联系方式：milesjiang314@gmail.com。

蒋楠
加拿大温哥华
2020 年 3 月

前言

好奇是人类的本性，我们不断突破科学的极限，试图发现新鲜有趣之事。这些发现往往不会产生立竿见影的效果，却可能在几十年后创造出价值数十亿美元的产业。

过去 100 年中，所有新发明一直在改变人类的生活，尤以摆脱有线束缚的无线通信为甚。只要愿意，如今无论身在何方，我们都能与他人保持联系。拜掌上设备所赐，我们拥有即时获取最新信息的惊人能力。

如今，人类经常被"行之有效"的技术所包围，却完全未曾留意引领我们至今的大量研究与发展成果。之所以如此，是因为基础物理原理和过程隐藏在工程技术和用户界面的神奇帷幕之后。

自从城市和家庭通电以来，无线通信与计算技术相互融合，迅速而深刻地改变了人类社会，其他任何事物都无法与之媲美。得益于这场革命，个人无线连接如今唾手可得。

智能手机无处不在。许多发展中国家不再安装昂贵的有线网络，一步跨入不受束缚的无线社会。这种变化主要归因于全球范围内部署的蜂窝网络，但同样得益于大量提供互联网接入的 Wi-Fi 网络——Wi-Fi 网络已成为家庭和公共场所不可或缺的要素。

另一方面，从太平洋孤岛到南北两极，复杂的卫星技术将全球最偏远的地区连接在一起。

无线通信的发展史写满个人成功与惨痛失败，这些故事引人入胜，涉及个人、企业乃至国家之间极为公开的冲突。战争的结果同样受到无线技术的影响，如果这些无形的电波仅仅推迟几年投入使用，当今的人类社会将大相径庭。

这段历史包含大量细节。经过精心挑选，我选取了一系列关于重要事件、个人与企业的有趣故事，并解释无线通信所用的基础技术。人类在利用电磁波谱方面取得了惊人的进展，这本《无线通信简史》意在对这些进展进行**简要**探讨。因此，我不得不舍弃许多引人入胜的故事和细节。

从早期的无线电到如今的蜂窝网络，本书侧重于揭示这些新发明的应用给社会带来的直接后果和间接后果，并探讨若干更为深奥但不太明显的无线技术应用。

阅读本书无须具备相关的背景知识，书中会进行必要的解释。如果读者希望深入了解无线通信技术，可以参考正文之后的 5 个技术交流章节，这些章节探讨了隐藏在"魔法"背后的原理。

本书并非教科书，我有意避免使用数学公式，坚持采用文字描述。为保持叙述的流畅性，本书采用公制单位表示数量。

鉴于美元仍然是国际储备货币，本书在描述货币价值时采用美元作为单位。

对过去的研究越深入，细节就变得越模糊。我发现，不同来源对于关键日期、单位数量、重要人物的个人历史以及各种"历史首次"的引用有时大相径庭。与所有提供对多种来源的图书一样，作者必须决定采用哪种最可信的事件描述。如果因使用这种方法而出现明显的错误，我愿意承担责任。

本书写作耗时两年，在此过程中，我得到了许多令人大开眼界的启示。衷心希望接下来的 14 个章节可以为读者提供有关无线技术发展史的新视角，也希望阅读本书能成为一段妙趣横生的经历。

关于最新的更新、评论、讨论以及有趣信息来源的链接，请浏览本书网站。

彼得里·劳尼艾宁
巴西巴西利亚
2018 年 4 月

目录

A Brief History of Everything Wireless

01
对马海峡

HOW
INVISIBLE WAVES
HAVE CHANGED
THE WORLD

1905 年 5 月 26 日夜，俄罗斯帝国第二太平洋舰队的 38 艘军舰驶入对马海峡。舰队从波罗的海出发前往海参崴，在跨越半个地球的艰苦航行中，穿越对马海峡（日本与朝鲜半岛之间的广阔水域）是最后一程。

始于圣彼得堡的这次航行起初并不顺利：日俄战争期间，高估对手的俄国人已成惊弓之鸟，以至于和手无寸铁的英国拖网渔船发生了莫名其妙的冲突——俄罗斯舰队误认为这些渔船是日本海军的鱼雷艇。

发生在北海多格尔沙洲的这次冲突令人费解，当时控制苏伊士运河的英国因此禁止俄罗斯舰队通过运河。第二太平洋舰队已航行了 8 个月之久，行程达到 3.3 万千米，一路绕过非洲大陆最南端的好望角。经过漫长的海上航行后，舰队急需全面休整：船员们疲惫不堪，士气低落；船体被附着在水线以下的微小海洋生物和植物严重侵蚀，导致航行速度大大降低。

但舰队必须继续前进，因为完成这次航行至关重要——俄罗斯帝国希望扭转几乎从一开始就不利的战争局面，而这是最后的机会。

1904 年 2 月，日本突然袭击俄罗斯从中国强行"租借"的海军前哨基地旅顺港，日俄战争由此爆发。旅顺港如今归大连管辖，彼时为俄罗斯第一太平洋舰队的海军基地。尽管最初两天的袭击并未给俄军造成太大损失，但情况很快开始恶化。

为阻止日本海军继续靠近旅顺港，布雷舰"叶尼塞"号受命封锁军港入口。不幸的是，"叶尼塞"号在布雷过程中撞上自己布设的水雷并沉没，200 名船员中有 120 人丧生，新雷区的地图也沉入海底。另一艘军舰"博亚林"号前往调查情况时，同样撞上了新布设的一枚水雷。船员们竭尽全力拯救"博亚林"号，但最终被迫弃船，在海上漂流的"博亚林"号又因撞上"叶尼塞"号布设的另一枚水雷而沉没。

随后的几个月中，日俄两国在黄海多次交手。俄军试图突破日军对旅顺港的封锁，也确实给日本舰队造成了很大损失。不过日本海军大将东乡平八郎指挥有方，俄罗斯海军的损失在整个夏天持续增大，第一太平洋舰队最终被日本海军摧毁。

对日本海军而言，有东乡平八郎这样的人物掌控全局实属幸事。东乡平八郎是一位训练有素、技术娴熟的海军指挥官，曾在英国深造，具备全面的国际视野——在 20 世纪初的东方国家，拥有这种履历的指挥官并不多见。

最初，驶入对马海峡的俄罗斯支援舰队意在驰援旅顺港并打击日本海军。这次行动旨在确保旅顺港的交通线畅通，以便更多的地面部队能增援该地区。然而，第二太平洋舰队尚在途中，旅顺港就已失守，俄军被迫调整计划：根据圣彼得堡的指示，舰队改道前往海参崴进行补给，然后返回旅顺港，寄望于兵强马壮时与日本海军一决高下。

为尽快抵达海参崴，第二太平洋舰队选择穿越对马海峡经过日本西南部的最短航线。这条航线的最窄处宽约 60 千米，足以保证庞大的舰队通过。

1904 年 5 月 26 日夜的海况十分理想：海上有雾，下弦月当空，这时节月亮只会在午夜之后升起。

舰队继续前进，与正常航线保持一定距离，以避开区域内的其他船只，包括东乡平八郎部署在海峡周围的日本侦察船。东乡平八郎对正在逼近的俄罗斯舰队的情况很清楚，考虑到对方迅速恶化的船只状况，他断定俄国人将选择经对马海峡前往海参崴的最短航线。

尽管天气状况近乎完美，但第二太平洋舰队并未得到幸运女神的垂青。5 月 27 日凌晨，日本海军巡洋舰"信浓丸"号发现了俄军医院船"奥廖尔"号的航行灯。经过抵近侦察，"信浓丸"号辨认出第二太平洋舰队多艘舰艇的轮廓。

虽然俄军距离陆地不算很近，但第二太平洋舰队的命运因"信浓丸"号配备的舰载无线电发射机而改变。日本不久前引进了马可尼公司的

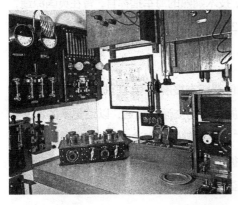

船舶无线电设备，这台发射机是复制品（图 1-1）。

图 1-1 丹麦奥尔堡海事博物馆展示的马可尼公司船舶无线电配电室

图片来源：CC BY- SA 3.0

　　"信浓丸"号利用这台新设备向指挥部发送了一条简短的电文——
"203海区发现敌舰队"，将俄罗斯舰队的确切位置告知东乡平八郎。
东乡平八郎立即命令日本海军调集所有可用船只，总共派出89艘舰艇
前往发现第二太平洋舰队的海域。经过近两天的激战，第二太平洋舰
队几乎全军覆没：21艘军舰被击沉，11艘军舰失去行动能力，4000
多名俄罗斯水手丧生。而日本海军仅损失了大约100名士兵与3艘小
型鱼雷艇。

　　在第二太平洋舰队中，只有一艘巡洋舰与两艘驱逐舰设法突破日
本海军的包围，最终抵达海参崴。这场空前的胜利实质上宣告了日俄
战争的结束，日本成为区域内无可争议的军事霸主。

　　另一方面，俄罗斯完全丧失了远东地区的海军作战能力，波罗的
海只剩下少数舰艇。它们几乎无力保护圣彼得堡，因为第二太平洋舰
队的舰艇原本都是从波罗的海舰队抽调而来的。

　　那个大雾弥漫的夜晚之后，对马海战的结果成为全球报纸的头条
新闻，最终引发巨大的地缘政治效应：它损害了俄罗斯作为国际大国
的声誉，严重削弱了沙皇尼古拉二世的政治影响力。对马海战再次令
俄国民众大失所望，这种失望转而推动革命力量向前发展。俄罗斯帝
国的威望在一夜之间丧失殆尽，欧洲当时的权力平衡被打破，这成为
第一次世界大战的导火索之一。

　　对日本而言，这场无可争议的压倒性胜利再度令日本军方萌生出
优越感，推动日本进入军国主义盛行的时代。东乡平八郎成为传奇人物，
尽管他可能并不希望得到日本右翼强硬派的赞赏。日俄战争结束后，
日本人的民族军事意识和种族优越感倍增，右翼势力至今仍然拒绝承

认军国主义犯下的暴行。

对马海战之后的多次作战行动取得成功，令日本军方高层陷入"不可战胜"的错觉中，导致日本的总体政治局势进一步恶化。由于政府屡弱不堪，军方经常在没有得到东京直接授权的情况下擅自行动。

这种心态最终令日本玩火自焚：1941 年 12 月 7 日，日本再次发动旅顺港式的偷袭行动；这次的目标是位于夏威夷的珍珠港，原本摇摆不定的美国因而卷入第二次世界大战（图 1-2）。

图 1-2 珍珠港事件中被摧毁的美国军舰"亚利桑那"号

图片来源：Wikimedia Commons

虽然日本在战争前期侵占了东南亚和太平洋的大部分地区，但这个岛国的资源很快变得捉襟见肘。军方对于军事行动的长期可持续性存在严重误判，最终日本在 1945 年无条件投降。而在几天前，两颗原子弹摧毁了广岛和长崎。

对被迫参战的美国而言，附带结果是美军与欧洲的盟军并肩作战。作为美国战争政策根本性转变的一部分，美国为苏联提供了大量物资援助，这些援助对于苏联在东线战场扭转抗击德国的不利局面至关重要。

平心而论，如果日本没有将美国拖入第二次世界大战，相较于诺曼底登陆的"霸王行动"，德国入侵英伦三岛的"海狮行动"更有可能取得最终成功。

战争结束后，苏联迅速成为拥有核武器的超级大国。世界在短短几年内呈现出两极格局，冷战由此开始。许多国家的历史因重大地缘政治事件而彻底改变，这一切都与对马海峡那个致命的夜晚直接或间接相关。

那么，假如俄罗斯舰队安全抵达海参崴并成功击败日本会怎样呢？后果实难预料，但我们可以做以下猜测：

美国是否会在第二次世界大战期间始终奉行不偏不倚的政策，从而使广岛和长崎免遭原子弹摧毁？如果美国没有因日本而卷入战争，纳粹德国是否会占领整个欧洲，并最终对美国宣战？由于研制核武器的"曼哈顿计划"主要是为了对抗纳粹德国而非日本，这反过来是否会导致欧洲发生核战争？

如果"信浓丸"号没有配备舰载无线电发射机，许多历史事件的结果可能截然不同。

一项诞生仅有 5 年的技术发送的这条电文，对世界历史产生了深远影响。

另一点同样值得注意：技术发展因战争而极大提速，最终造福战后幸存的社会。假如没有"信浓丸"号发出的简短电文以及由此引发的后续事件，人类如今可能刚刚叩开计算技术或太空飞行的大门。

我们自然无法推断出其他可能出现的结果。但毫无疑问，没有这些无形的电波以及它们对历史进程产生的诸多影响（无论直接还是间接），世界将迥然不同。

那么，这一切又是如何开始的呢?

A Brief History of Everything Wireless

02
"毫无用处"

HOW
INVISIBLE WAVES
HAVE CHANGED
THE WORLD

发明家似乎分为两类:

第一类人乐于改进新鲜、诱人之事,他们在证明某个新概念或理论后兴味索然,将注意力转向下一个问题。

第二类人能够认识到发明投入实际应用后产生的潜在价值,并致力于最大限度地获取经济利益,努力将成果尽快商业化。

图 2-1 海因里希·赫兹(1857—1894)
图片来源:Wikimedia Commons

德国物理学家海因里希·赫兹(图 2-1)显然属于第一类人。

1873 年,杰出的苏格兰科学家詹姆斯·克拉克·麦克斯韦发表了开创性的电磁波传播理论;14 年后,赫兹证实了这一理论。麦克斯韦方程正确预测了振荡电场与磁场的存在，根据他的计算，电场与磁场以接近光速的速度在真空中传播。

许多研究人员试图证明这些神秘的无形无波确实存在，而才华横溢的赫兹最终完成了这一壮举。令人惊讶的是，当赫兹被问及这项新发明的可能用途时，他表示：

> 毫无用处……这只是一项实验，证明物理学巨擘麦克斯韦是对的——我们肉眼看不到这些神秘的电磁波，但它们确实存在。

电磁波无须借助直接的物理连接就能以惊人的速度即时传输信息和能量，但赫兹似乎完全没有意识到电磁波的这一明显优势。他只是希望证明一项颇有前途的理论——仅此而已。

遗憾的是，这位天才的人生在 36 岁戛然而止，但他的遗产延续至今：赫兹去世 36 年后，国际电工委员会选择他的名字作为**频率**单位。赫兹（Hz）是描述每秒振荡次数的基本单位——无论是地震产生的极低频次的声波，还是遥远星系中坍缩恒星的高能伽马射线爆发，都用**赫兹**表示。对于这一荣誉，海因里希·赫兹受之无愧。

与赫兹这一类发明家不同，最终赢得"无线电之父"称号的古列尔莫·马可尼（图 2-2）是一位个性完全相反的意大利电气工程师，他在英国度过了大部分商业生涯。1892 年，年仅 18 岁的马可尼投身于

图 2-2 古列尔莫·马可尼（1874—1937）

图片来源：Wikimedia Commons

无线电的研究。他的邻居名叫奥古斯托·里吉，这位博洛尼亚大学的物理学家引导马可尼进入赫兹的研究领域。马可尼痴迷于无线通信的理念，开始了自己的研究工作，致力于改进赫兹的早期实验。

马可尼发现，为发送设备和接收设备安装**天线**对于增加通信距离至关重要，他的研究就此取得突破。他还注意到，系统**接地**（将设备的电气接地连接到导电土壤）的效果似乎也有助于扩大传输范围。

在传记作者眼中，马可尼能力出众且富有成效；最重要的是，他十分善于投机取巧。在漫长的职业生涯中，马可尼并不在乎借鉴其他发明家的想法，只要这些想法有利于改进自己正在研究的设备，他都乐于使用。马可尼有时会为相关专利付费，但大多数时候不会：1909年，马可尼与卡尔·布劳恩共同荣获诺贝尔物理学奖，他承认自己从布劳恩申请的专利中"借鉴"甚多。

尽管马可尼的做法有时受到质疑，但他十分擅长整合各种新思想，似乎惯于从技术角度而非科学角度处理问题。马可尼的设备改进主要通过不断迭代来实现，他测试了一个又一个稍作修改的原型系统，但未必理解功能改进背后的基础物理原理：他只是反复尝试，直至找到满足要求的解决方案。显然，马可尼的主要目标是将自己的发明转化为一门可行的生意——他努力制造出最好的设备并积极推广，以期获得最大的利润。

马可尼拥有大量专利（通常是改进专利）。他满怀热忱地抓住商机，将新技术全面商业化，并于1897年创立了无线电报和信号公司。马可尼的母亲安妮·詹姆森是詹姆森爱尔兰威士忌公司创始人的孙女，优越的家庭条件为马可尼提供了公司的启动资金。

马可尼最初尝试向意大利政府推销他的研究成果，但未能成功，于是通过母亲的关系，他向英国邮政解释了自己的**无线电报**设想。马可尼最终得到积极的反馈，得以继续推进他的商业计划。

在国外取得的成功也会延续到国内，这种情况并不鲜见：英国人认识到马可尼的发明有用之后，意大利海军从马可尼的公司购买了无线电设备，甚至委托他在第一次世界大战期间负责意大利军方的无线电服务。

彼时的马可尼声望卓著，他不仅纵横商界，而且与卡尔·布劳恩共同荣获 1909 年诺贝尔物理学奖。

终其一生，马可尼都保持着对无线电技术孜孜不倦的追求，他在 1900 年将公司更名为马可尼无线电报公司。20 世纪初，"马可尼"这个名字成为无线电的同义词。

当 63 岁的马可尼去世时，英伦三岛所有官方无线电发射机（连同其他地区的许多发射机）在他下葬当天静默两分钟，以表达敬意。

第三位非常著名的早期无线电先驱是尼古拉·特斯拉（图 2-3）。

特斯拉似乎很喜欢保持"奇人"的形象，经常大张旗鼓地宣传自己的发明。他身上有一种"巡回魔术师"的气质：为推动事业发展，特斯拉很清楚在一场

图 2-3 尼古拉·特斯拉（1856—1943）

图片来源：Wikimedia Commons

精彩表演中加入些许夸张成分的价值所在。他显然极其聪明，否则无法解释他为何总能毫不费力地从一个领域转向另一个领域。

特斯拉不断改变自己关注的焦点，他与赫兹同属一类发明家，但这也产生了不幸的副作用：尽管特斯拉通过无数发明推动了许多截然不同的技术向前发展，却从未真正致力于从这些出色的解决方案中获得可观的经济利益。特斯拉确实在部分专利上获利颇丰，但他把所有资金都投入到下一个有趣但浮夸的概念原型了。他近乎无动于衷地放弃了其他专利，令自己的商业伙伴从中受益——有时的确非常慷慨。

特斯拉涉猎广泛，发电、无线电、无线能量传输都是他感兴趣的研究领域。19 世纪末，特斯拉首先为当时杰出的发明家托马斯·爱迪生工作，极大改进了爱迪生的**直流电**发电机技术，因而声名鹊起。根据某些历史资料记载，爱迪生没有如约向特斯拉取得的成就支付经济奖励。被欺骗的特斯拉愤而辞职，终生与爱迪生结怨。与此同时，另一位成功的实业家乔治·威斯汀豪斯得知在欧洲进行的**交流电**实验，威斯汀豪斯聘用熟悉该领域的特斯拉专门改进了这项新技术。

爱迪生的主要业务建立在直流电发电与配电的基础上，而特斯拉的设计证明交流电技术优于现有的直流电技术，在很短时间内就对爱迪生构成了直接的经济利益威胁。为此，爱迪生置"天才发明家"的声誉于不顾，竭尽所能与无可辩驳的技术事实作斗争。两种相互竞争的技术针锋相对，这段历史被恰如其分地称为**电流之战**。爱迪生甚至公开展示并拍摄了几只动物（包括一头大象）因交流电致死的过程，试图证明"这种低劣技术的固有危险性"。

然而，可怜的大象与其他许多动物的牺牲并无价值。由于便于远距离传输，加之可以通过变压器使电压适应不同地区的要求，特斯拉的交流电技术沿用至今，成为主要的配电手段。

尽管取得了前所未有的胜利，但特斯拉受威斯汀豪斯所迫，放弃了交流发电机的专利权使用费，这非常符合他本人的科学家（而非商人）特质。当时，威斯汀豪斯面临暂时的财务困难，他设法说服了特斯拉放弃利润丰厚的现有协议。仅仅几年后，威斯汀豪斯凭借特斯拉放弃的专利东山再起，积累了巨额财富。

特斯拉后来的不少成果未能妥善记录在案，许多早期的研究笔记与原型系统在 1895 年的一场大火中被焚毁。特斯拉现存的笔记充满了非凡的主张和想象，但缺乏足够的实现细节。由于存在大量歧义，那些没有面世的发明似乎成为各种阴谋论的无尽来源，至今依然如此。

事实上，特斯拉的复杂研究需要大量资金支撑，他对财务状况的放任态度令人费解，甚至一度不得不依靠在纽约挖沟来维持生计。当特斯拉设法找到新的投资者或从咨询工作中获得些许收入后，他很快将所得投入到新的实验中。短期内，没有产生具体成果，特斯拉难以获得投资者的进一步资助。由于缺乏资金，不少潜在的研究项目无法进行。特斯拉不断变换工作重心，头脑中多种想法并驾齐驱，导致各种原型文档的质量都很差。

总而言之，特斯拉与马可尼几乎完全相反。马可尼不断改进并打磨产品，财务和技术重点明确；他借鉴其他发明家的思路，试图使自己的企业居于垄断地位。

在最具争议的一项早期专利纠纷中，这两位天才针锋相对：1904年，美国专利局决定撤销特斯拉的无线电调谐电路专利，转而批准马可尼的专利。为推翻这个决定，特斯拉进行了多年抗争。在他去世后不久，美国专利局于 1943 年恢复了特斯拉的部分专利要求，但特斯拉从未实现自己的毕生目标——成为有史以来实施无线电传输的第一人。而凭借 1896 年一项明确的书面专利，马可尼保住了以下专利要求：

我坚信自己率先发现了由人工赫兹振荡产生的信号，
并通过各种实用方法实现了有效而清晰的电报传输和接收。

19 世纪和 20 世纪之交，特斯拉仍旧致力于无线电的研究。1898 年，他甚至在麦迪逊广场花园展示了一艘被称为**远程自动化**（teleautomaton）的无线电遥控模型船。这次演示非常成功，特斯拉不得不打开模型，以证明确实没有受过训练的猴子藏在里面。这类远程控制显然具有多种军事用途，但特斯拉未能引起美国军方的兴趣。

在威廉·伦琴宣布 X 射线存在的几周前，特斯拉成功拍摄到了 X 射线的照片，这似乎是他时运不济的另一个注脚。因此，尽管特斯拉于 1895 年率先使用了位于电磁波谱最高端的 X 射线，但人们依然将 X 射线产生的图像称为"伦琴图像"。

从这些例子以及特斯拉后来进行的许多其他研究不难看出，特斯拉无疑走在时代前列。除了在交流电发电与传输方面所做的开创性贡献之外，特斯拉将所有专利权让与了乔治·威斯汀豪斯，而世界尚未做好准备拥抱他的发明。

由于无线电遥控模型船未能获得外界青睐，特斯拉的兴趣很快转向研究无线电力传输（而非无线通信），他在科罗拉多斯普林斯与长岛两地的实验室里进行了多次令人震惊的演示。这些演示规模庞大且成本高昂，使得他从各种投资者那里筹得的充裕资金很快消耗殆尽。特斯拉一直向能源行业的熟人推销自己的想法，希望投资者支持他实现"无限且无线的免费能源"这一雄心壮志，但收效甚微——如果一项研究可能最终扼杀利润丰厚的现有商业模式，又有谁愿意解囊相助呢？

特斯拉的兴趣转移将无线通信的发展机会拱手献给马可尼及其竞争对手。他任性而固执地放弃了一个即将实现巨大增长的市场，令这个行业的其他参与者在此过程中变得异常富有。

对马可尼而言，他既是专利所有人，也拥有根据这些特定专利制造功能设备的企业，这种双重角色强化了他的地位。马可尼的名字不仅出现在设备铭牌上，而且也出现在传输里程新纪录的新闻报道中，人们都清楚谁是这些近乎神奇的新设备背后的推手。马可尼不断向外界展示他对设备的持续改进，他的国际声望随着每一项新成就与每一笔交易而增长。

相比之下，虽然特斯拉通过媒体进行了炫目演示与大量炒作，却未能获得足够的现金流以支持他过于浮夸的想法（图2-4）。

图 2-4 尼古拉·特斯拉的高压演示实验

图片来源：Wikimedia Commons

特斯拉最终破产。

1934 年，凭借特斯拉的原创发明而致富的乔治·威斯汀豪斯留意到特斯拉的悲惨处境，开始每月向他支付少量"咨询费"（按现价计算约为 2200 美元），并承担他在纽约人酒店的房费。

更糟糕的是，仅仅 3 年后，特斯拉遭遇车祸，他被一辆出租车撞倒，之后身体再未完全康复。1943 年 1 月 7 日，特斯拉在酒店房间中孤独离世，享年 86 岁。

总而言之，特斯拉一生所取得的各种成就令人印象深刻，他的许多设计远远超前于时代。1926 年，特斯拉还做出了一个异常准确的预测：

> 无线技术得到完美应用之际，整个地球将成为一个巨型大脑；实际上，所有事物都是真实而富有韵律的整体。
> 无论相隔多远，我们都能即刻交流。
> 不仅如此，即便关山万里，我们也可以通过电视与电话相互沟通，与面对面交流几无二致；与目前的电话相比，实现这一设想所用的设备将极其简单，甚至可以装在背心口袋里。

如果将"成为巨型大脑的整个地球"与今天的互联网联系起来，那么特斯拉不仅预测了无线通信革命，也预测了计算机革命——如今，我们可以使用智能手机随时随地查看各种细节信息。

但特斯拉未能预测到阴谋论网站的激增，这些阴谋论源自现代版的"巨型大脑",归因于他近乎神话般的声誉: 在没有确凿证据的情况下,多才多艺的特斯拉提出许多激进的主张,为他罩上一层神秘的光环,而神秘程度往往与读者的锡纸帽 ① 厚度直接相关。各种书籍和视频推动特斯拉的研究更加深入(但缺乏完整记录),数量之多令人震惊。大部分资料顺理成章地宣称,特斯拉的发明"遭到雪藏","邪恶政府"阻止我们享受这些发明带来的无尽好处。

美国联邦调查局在特斯拉去世两天后就扣押了他的财物,将他视作外国公民,这或许对谣言起到推波助澜的作用。虽然特斯拉是塞尔维亚移民,但已在 1891 年入籍美国,至于美国联邦调查局为何如此对待特斯拉,真实原因已不可考。

一份关于特斯拉最后财物的研究报告显示,美国联邦调查局并未发现任何感兴趣的东西:

> 至少在过去 15 年中,(特斯拉的)思想和努力以推测和哲学层面的内容居多,还有一定的宣传成分,往往与发电和无线电力传输有关; 但是,实现这些想法所需的新颖、完善、可行的原则或方法不在其中。

不过对阴谋论者而言,美国联邦调查局这份"没什么可看"式的报告,显然与在公牛面前挥舞红旗无异。

1954 年,特斯拉最终入选"技术名人堂": 为表彰他的成就,国际电工委员会选择特斯拉(T)作为磁感应强度的国际单位。尼古拉·特

---

① 锡纸帽(tin foil hat)是一种由铝箔制成的帽子,佩戴者希望大脑能免受电磁场与精神控制的影响。"锡纸帽"一词常常用来形容妄想症或阴谋论者。——译者注

斯拉与海因里希·赫兹得以名垂青史。

与特斯拉频繁改变研究重点不同，马可尼完全专注于无线电技术，不断取得新的成就，设备的传输距离越来越远。1901 年，马可尼率先实现了横跨大西洋的无线传输。尽管这次演示只包括接收单个莫尔斯电码字母"s"，却证明了无线电技术存在的巨大潜力：有史以来，新旧大陆首次以无线方式实现了实时通信。

有关莫尔斯电码以及各种无线电技术（包括早期的火花隙发射机）的介绍，请参见 Tech Talk "火花与电波"。

马可尼完成这一里程碑式的壮举时，洲际通信已有 30 多年历史，但数据只能通过海底电缆传输。第一条跨大西洋电报电缆于 1866 年铺设成功，如此远的距离会导致信号严重衰减，但莫尔斯电码的传输速度仍然高达每分钟 8 个单词。截至 19 世纪和 20 世纪之交，仅有少数几条类似的电缆存在；相较于在大西洋两岸安装无线电设备，铺设新电缆的成本要高得多。1879 年，英国进行了马可尼无线电传输测试（图 2-5）。

马可尼的成就登上了各大报纸的头条，他很快成为世界名人。马可尼立即充分利用自己的声誉以及 20 世纪初宽松的公司立法，试图先于竞争对手垄断无线通信领域。

以马可尼与劳合社在 1901 年签订的授权协议为例，其中一项关键要求是禁止马可尼设备与非马可尼设备之间进行通信。就技术层面而言，这完全属于违背大部分客户意愿的人为限制。但由于当时马可尼的设备质量很高，劳合社还是同意了这项要求。

图 2-5 1879 年，英国进行马可尼无线电传输测试

图片来源：Wikimedia Commons

马可尼意识到船对岸通信是设备的最大市场，因此致力于在航道沿线的主要港口安装岸基无线电以巩固自己的地位。通过这种方式，马可尼公司的设备牢牢把持住了最突出和最关键的位置。

这类排他性交易帮助马可尼赢得销售先机，但市场对无线电设备的需求巨大，潜在的巨额利润很快吸引了其他几家制造商。

理解和复制无线电的基本原理对工程师而言并非难事，部分制造商的产品质量甚至优于马可尼的产品。因此，尽管马可尼不断改进技术，公司对垄断的要求听起来却越发空洞：所有了解技术的客户都明白，无线电波是一种共享资源，刻在设备上的名称与收发信号的基本物理原理毫无关系。

如果企业坚持垄断某种默认具有内在互操作性的系统，则必然会出问题。对马可尼公司而言，这种情况发生在 1902 年年初。

德皇威廉二世的弟弟、普鲁士海因里希亲王结束美国之行后，在乘坐"德国"号返回途中希望向西奥多·罗斯福总统转达谢意。但这艘客轮使用的是德制斯拉比—阿尔科 AEG 无线电，而位于楠塔基特的海岸电台配备的是马可尼的设备，它拒绝转发"不兼容"设备接收到的信息。

精通技术的海因里希亲王非常恼火，他在旅行结束后联系哥哥威廉二世，敦促德皇就无线电通信的管制问题召开全球性会议。这一事件促成了一年后召开的首次国际会议 ②。

对于加强政府管制的前景以及跨制造商合作的需求，美国代表最初反应冷淡，但相关法规仍然自 1904 年起生效。法规要求由政府控制全部岸上无线电设备，并进一步规定军方将在战争时期完全接管所有无线电设施。

马可尼公司大肆散布假消息来抵制上述决定。当美国海军拆除楠塔基特浅滩灯船上的马可尼设备时，公司代表声称，如果无线通信的收发双方不使用马可尼的设备，将严重危及船只与海岸电台之间的联络。但美国海军经过内部测试后发现，不同制造商之间的互联互通完全可行。针对马可尼公司的声明，美国海军装备局直言不讳地评论道：

> （这是）一次大胆的尝试，旨在诱导政府参与垄断以压制其他系统，某些系统比马可尼的设备更有前途。

---

② 指 1903 年 8 月在德国柏林召开的无线电报预备会议（Preliminary Conference on Wireless Telegraphy）。这次会议由德国政府召集，奥地利、法国、德国、英国、匈牙利、意大利、俄罗斯、西班牙、美国等 9 个国家参会。——译者注

通过这一举措，美国海军将海岸无线服务从早期的人为垄断转变为"对所有人开放"的业务，向外界提供免费的船对岸通信服务。

这项服务很快扩展，比如提供岸对船的时间信号以协助导航，或转发船对岸的天气报告。1906 年 8 月 26 日，"迦太基"号在尤卡坦半岛海岸首次发出飓风警报；不久之后，经过大西洋某些海域的船只开始定期发送天气报告。

其他船只可以根据最新信息相应改变航向，从而避开气候条件最恶劣的海域。从 1907 年开始，日常传输中增加了针对"危及航行的障碍物"的无线电警告，包括偏离指定位置的灯船信息以及停用灯塔的通知。这些相对简单的无线电技术应用极大改善了海员的安全状况，真正展现出无线实时通信的潜在优势。

实时消息有助于提高安全性，无线电设备因而成为所有大型船只不可或缺的装备。船只体积巨大，有足够的空间安装必要的大型天线结构。

尽管如此，但无线电设备价格不菲，在大多数情况下仅支持按需使用。客轮上配备的无线电在很大程度上成为虚荣的载体，用以满足那些希望通过向朋友发送海上电报来吹嘘自己旅行经历的乘客：在上流社会看来，一封发自海上的电报颇为"时髦"。

这与如今人们在度假胜地发布大量 Facebook 与 Instagram 更新的做法如出一辙。

然而，外界仍然将无线电视作可有可无的附加设备，由此产生了一些严重的副作用，1912 年 4 月 15 日凌晨沉没的"泰坦尼克"号就是一个令人震惊的例子（图 2-6）。尽管"泰坦尼克"号配有全新的马可尼无线电设备，它发出的遇险呼救信号却没有被距离最近的"加州人"号收到。之所以如此，只是因为"加州人"号的报务员在事故发生前 10 分钟刚刚结束值班。如果"加州人"号收到那条信息，或许能从在劫难逃的"泰坦尼克"号救出更多乘客。

图 2-6 1912 年 4 月 10 日，"泰坦尼克"号离开英国南安普顿
图片来源：Wikimedia Commons

更糟糕的巧合是，"泰坦尼克"号的报务员曾多次收到冰山警告，但他从未离开无线电室，因为他一直忙于发送乘客的个人电报。在事故发生前一天，无线电发射机出现的技术问题导致"重要的"乘客电报堆积如山，报务员因而忙得不可开交。

除了未能在程序上合理明确通信的轻重缓急外，这项刚刚起步的技术本身也存在严重缺陷。例如，当时的机电无线电设备选择性较差，会引起邻信道干扰。因此,在横渡大西洋的致命之旅中,"泰坦尼克"号无法清楚地接收到其他船只发出的冰山警告。

尽管存在诸多局限,但在随后的救援工作中,"泰坦尼克"号配备的无线电发挥了极为重要的作用。以当晚的天气情况而论,如果没有无线电发出的重要求救信号,所有乘客恐怕都难逃厄运。这艘"永不沉没"的远洋班轮在首航途中失踪,将成为 20 世纪悬而未决的谜团之一。

"泰坦尼克"号的沉没,特别是"加州人"号缺乏全天候守听机制,促使美国参议院通过了《1912 年无线电法》,要求所有船只必须 24 小时守听遇险呼救频道。

1906 年,即"泰坦尼克"号沉没前 6 年,美国旧金山发生强烈地震,再次彰显出无线电在紧急状况下的作用。地震将城市夷为平地,也摧毁了当地所有电报局与整个电话网,旧金山的通信完全中断。震后唯一能工作的电报线路位于附近的马雷岛,岛上也有无线电设备。地震前刚刚驶离旧金山的"芝加哥"号汽船通过船上的无线电获知这一消息后立刻返航,开始充当旧金山港与马雷岛之间的中继站。借助这一临时性的无线连接,旧金山得以恢复与美国其他地区的联系。多次类似的事件充分展现出无线连接的优势。

取消马可尼公司的人为垄断促进了自由竞争,这项新技术的发展与部署规模迅速扩大。

哪里有需求和炒作,哪里就有机会主义者试图欺骗轻信的民众。某些人之所以利用媒体大肆宣扬无线电的美好前景(加之专利要求不高），纯粹是为了提振自家公司的股价。他们用诸如此类的言语来吸引倒霉的投资者：

> 今天投资几百美元，能保一生衣食无忧。

结果，世界见证了第一次无线技术泡沫：在成功将可疑股票兜售给满怀希望的局外人后，这些公司迅速破产。

无论怎样，李·德福雷斯特的名字都值得一提，他创办的美国德福雷斯特无线电报公司恰好见证了上述盛衰周期。虽然公司倒闭不能完全归咎于德福雷斯特，但这也是无可否认的事实。

德福雷斯特本人常常陷入与其他发明家的诉讼官司之中。他投入巨资来推动自己的专利要求，而某些要求难以在法庭上站稳脚跟。德福雷斯特最终还因欺诈罪遭到美国司法部长起诉，但后来被判无罪。

尽管德福雷斯特的商业经历丰富多彩，但他作为**栅极三极管**（第一种**真空三极管**）的发明者而得以载入史册。

真空管可以放大微弱信号，对于制造高质量高频振荡器同样必不可少，接收机与发射机技术因真空管而彻底改变。这种重要元件推动了固态电子时代的发展，后来出现的**晶体管**与**微芯片**则锦上添花。关于真空管的详细讨论参见 Tech Talk "火花与电波"。

部分发明家利用前人的成果并在原有基础上加以改进，栅极三极管很好地诠释了这一点：为灯泡制作耐用灯丝的过程中，托马斯·爱迪生注意到实验所用的真空灯泡存在一种特殊的电流特性。他对此并不完全理解，但记录下自己的发现并称之为**爱迪生效应**，这种效应可用于实现电子的单向流动。

根据爱迪生效应，曾担任马可尼公司技术顾问的约翰·安布罗斯·弗莱明爵士发明了第一种**固态二极管**，当时被称为**热离子阀**。这种元件可以将交流电转换为直流电，而仅仅利用机电技术很难做到这一点。虽然热离子阀不太可靠且工作电压较高，但它进一步巩固了交流电作为配电手段的地位。

1906 年，李·德福雷斯特为热离子阀增加了第三个电极，第一种栅极三极管由此诞生，它是所有真空管的前身。此外，芬兰发明家埃里克·蒂格斯泰特于 1914 年对真空管的放大电位加以改进。他将真空管内的电极重新排列成圆柱形，从而获得了更强的电子流以及更多的线性电气特性。

由于没有活动部件，真空管比之前的机电元件更小也更可靠。无线电技术因真空管而彻底改变，通用电子系统时代拉开大幕，第一代计算机最终诞生。

事后看来，就栅极三极管引发的电子革命而言，将诺贝尔奖授予李·德福雷斯特并不为过。如同 40 年后出现的晶体管一样，栅极三极管意义重大。然而，当约翰·巴丁、沃尔特·布拉顿与威廉·肖克利因在传奇的贝尔实验室发明晶体管而获得诺贝尔物理学奖时，李·德福雷斯特却无所斩获。

最后，在"泰坦尼克"号沉没后颁布的《1912 年无线电法》也扫清了另一个潜在的障碍：无线电的出现吸引了大批技术爱好者尝试这项新技术，《1912 年无线电法》首次正式确认了业余无线电活动的存在。

为避免爱好者的行为干扰到官方授权的无线通信,业余无线电只能使用 1500 kHz 以上的频率。人们当时认为这些更高的频率并无用处,但事实很快证明这种想法完全错误。因此,随着技术发展以及人们对无线电波行为的理解不断深入,指定给业余无线电使用的频率多年来已经过重新分配。

在无线电实验和发展过程中,业余无线电活动仍然是一个规模较小但充满活力的领域,数百万业余无线电爱好者活跃在世界各地。从本地通信到全球通信,业余无线电活动的涵盖范围极广,甚至还利用专门的**轨道卫星携带业余无线电**中继卫星在全球范围内传输信号。

A Brief History of Everything Wireless

03
战时通信

马可尼公司的船舶无线电设备问世后不久，各国海军就发现了船只在公海上收发信息的潜力。

1899 年，美国海军使用马可尼公司的设备进行了大量测试，认为应该在整个舰队部署这项技术。同年 12 月，军方提交给海军部长的一份报告又施加了额外的压力：报告指出，英国海军与意大利海军已在舰队中使用马可尼公司的无线电设备，法国海军与俄罗斯海军则配有法国迪克勒泰公司生产的无线电系统。

为了对抗潜在对手，各国军队在 20 世纪初展开了与今天一样激烈的竞争。军事应用始终是推动技术进步的动力之一，这一点不以人们的好恶为转移，无线通信领域也不例外。

19 世纪和 20 世纪之交，尽管马可尼公司是商用无线电设备领域的开拓者，但他们与美国海军的谈判并不顺利。这完全是因为马可尼太过投机性的商业行为：当美国海军询问 20 套无线电设备的估价时，马可尼提出希望出租而非出售这些设备，且第一年的租金为 2 万美元，之后每年的租金为 1 万美元。以现价计算，每套无线电设备的租金约为 25 万美元，全部租金高达 50 万美元——对马可尼不断扩大的业务规模而言，这是一笔可观的稳定收入。

尽管美国海军迫切希望安装船舶无线电设备，但依然不愿意与马可尼公司签订这种规模的租赁合同，决定保持观望的态度。这种目光短浅的贪婪之举令马可尼公司垄断市场的宏伟计划出现了第一道裂痕：马可尼与美国海军的交易遭到搁置，其他制造商则抓住机会，提供了不需要每年支付许可费的解决方案。因此，在对多家制造商的设备进行大量测试后，美国海军最终购买了 20 套德制斯拉比—阿尔科 AEG 无线电设备。这些设备的价格不仅远低于马可尼的设备，而且海军经过内部测试后发现，德制设备也具有良好的频率选择性和较强的抗干扰性。

这场新的竞争凸显出 20 世纪初无线电技术的简单：德国教授阿道夫·斯拉比与德皇威廉二世关系密切，他和当时的助手格奥尔格·冯·阿尔科在 1899 年参与了马可尼跨越英吉利海峡的通信实验。斯拉比了解这项技术的巨大潜力（尤其是军事方面的潜力），他成功复制了马可尼的设备，从而催生出德国无线电产业，德国无线电产业很快成为马可尼公司在全球范围内的有力竞争对手。

美国海军采购德制军用设备一事立即遭到当时另一家企业的抨击：美国国家电力信号公司（NESCO）的代表试图说服军方购买自己的"国产"设备，或至少支付斯拉比—阿尔科 AEG 无线电的专利使用费，他们声称德制设备侵犯了 NESCO 的专利。但 NESCO 无功而返：美国海军被迫对相关专利展开内部调查，最终认定 NESCO 的主张并无依据，采购斯拉比—阿尔科 AEG 设备的计划因而得以继续执行。

获知斯拉比—阿尔科的交易结果后，马可尼发现自己实际上错失了一个巨大、长期的潜在商机。公司意识到失去这份订单对经济层面和宣传层面的影响，因此向美国海军提出了另一种不需要支付许可费的方案。但美国海军对当时可用设备质量的研究结果深信不疑，坚持使用斯拉比–阿尔科 AEG 的设备装备舰队。

美德关系在几年后恶化，美国海军被迫再次寻找盟友供应商，但军方不可能再接受马可尼的租赁方案——设备总是要买的，租赁并不是办法。

与所有规范的采购流程一样，美国海军强制要求制造商凭借技术水平参与竞争，遵守海军制定的严格要求和规范。企业不得不寻求创新，无线电设备的覆盖范围与抗干扰选择性在相对较短的时间内都取得了长足进步。

1905 年 12 月 19 日，美国海军在纽约市科尼岛的曼哈顿比奇到巴拿马科隆的基地之间创下近 3500 千米的传输距离新纪录。这段距离比爱尔兰西海岸和加拿大纽芬兰之间的大西洋海底电话电缆还要长。美国本土与巴拿马运河建设工地的通信连接由此建立，从而无须再铺设耗资巨大的海底电缆了。

这些远距离无线连接为偏远的海军基地提供了一种新颖的低成本通信渠道，海军战略受这种新技术的影响更大：此前，船只仅能在视距范围内通信，利用信号灯发送旗语或莫尔斯电码。而在公海上，信鸽是实现船对岸通信的唯一途径，这种原始的单向方法存在明显的局限性。如果船只希望接收新指示，必须驶入港口使用电报，或至少足够靠近海岸以便使用信号灯。

无线电的出现改变了这一切，因为船只可以随时接收新指示，并在必要时报告自身状况、位置以及重要的观测结果。即时通信威力巨大，关乎生死，这一点在战争时期极为重要。

最初，部分指挥官对于使用新的即时通信手段在公海上接受指示的方式感到不满，认为这种新的指挥方式削弱了自己的决策权。转眼之间，他们不再是拥有无上权威的舰队指挥官，因为现在需要随时从海军部接受新的指示了。

还有指挥官声称，无线电在实战中会因受到干扰而失效，且敌方能立即获知所有指示——毕竟任何人都能监听无线电传输信号。但从第 1 章的讨论可知，"信浓丸"号使用舰载无线电所带来的毁灭性后果彻底消除了人们对这种新技术的所有质疑。

利用共享代码本加密消息可以防止窃听，这种方法在历史上已得到广泛应用。因此，即便敌方监听到编码传输，最坏的情况也只是根据接收信号强度确定发射机的相对距离而已。

对马海战之后，为战舰配备无线电设备已是大势所趋。19 世纪和 20 世纪之交，地面部队也迈出了使用无线电的第一步。1899 年在南非爆发的布尔战争见证了无线电首次应用于实际战争。

英军接收了一批供海军使用的马可尼设备，并在南非当地进行改装以适应陆上使用，而西门子公司制造的部分德制无线电部件甚至也混杂在最初的马可尼硬件中。这是因为英军截获了一艘载有西门子无线电设备的货船，这些设备原本计划运送给当地的布尔人。

然而，最初的结果给人的印象并不深刻。

主要问题在于安装巨大的天线支撑平台。由于缺少悬挂天线的船桅，英军不得不使用竹子作为权宜之计。如果风够大，则使用大型风筝吊起天线。南非的气候同样是个问题：当地经常发生雷暴，干扰会造成金属屑检波器（一种原始的机械信号检测器）阻塞，导致接收机无法工作。

此外，人们尚未充分了解无线电设备接地对于实现最佳传输和接收的重要性；即便设备的其他部件正常工作，传输距离也难以满足要求。

接地对船只而言不是问题，因为海水具有良好的导电性，是无线电设备接地的最佳选择。因此，英军将运往南非的一台马可尼无线电设备重新安装在泊于港口的一艘船上，利用这台无线电进行通信能获得比路基无线电更大的覆盖范围。

大约 10 年后，路基便携式无线电技术在第一次世界大战期间迅速发展。以**碳化硅晶体**为基础的信号检测器取代了易受干扰的机电金属屑检波器，先前因热带地区雷暴频发所产生的干扰问题得以解决。更重要的是，这种方案非常适合在需要频繁转移的环境中使用，从而大大提高了接收机在野外条件下的可靠性。

背负式电台是早期的路基系统之一。这种"便携式"电台配有通信所需的天线、接地垫与电池，重约 40 千克，需要一个四人小组携行。尽管"便携式"一词与如今人们对此类设备的期待仍有很大不同，但可移动电台在瞬息万变的前线作战中意义重大。一个四人小组只要很短时间就能根据需要在几乎任何地点架设无线电台，并立即收发命令，决策层也能收到有关战场态势的最新信息。

尽管仍然需要四人小组携行，但背负式电台相较于德律风根公司的上一代产品已有显著改进。德律风根制造的无线电既可以安装在骡拉车上，也可以安装在布尔战争中装载马可尼无线电的马车上。

第一次世界大战后期，第一代无线电通信车也投入使用，它是相互独立、迅速发展的两种技术相结合的产物。

人们当时已很清楚，确保己方通信畅通与破坏敌方通信能力都是现代战争的关键所在。因此，英国海军在第一次世界大战爆发后立即采取行动：挖断连接德国与南美和美国的海底电缆，并攻击世界各地的德国远程无线电台。

这些远程无线电台是罕有之物，因而需求量很大，它们对敌方的潜在价值是显而易见的。例如，当德军在 1914 年逼近布鲁塞尔时，比利时决定炸毁一座传输距离约为 6000 千米的无线电台——如果这座电台完好无损地落入德国人手中，将有助于德国与遥远的战场上的军队保持联系。

无线电技术同样扩展到航空领域，新的应用不仅限于通信，也包括导航：由于在夜间或云层上方飞行的**齐柏林飞艇**无法观察到明显的地标，德国为此研制出第一种无线电导航系统，以帮助齐柏林飞艇确定其位置。这种新型导航系统有助于己方利用恶劣的天气条件，敌方因而更难发现并击落飞行缓慢的齐柏林飞艇，否则那些飞艇极易成为靶子（图 3-1）。

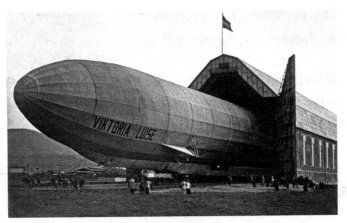

图 3-1 第一次世界大战期间，德军使用的齐柏林飞艇
图片来源：Wikimedia Commons

然而，齐柏林飞艇仅能通过电台确定方位，所以准确性欠佳——必须采用其他方式计算距离信息。因此，当齐柏林飞艇在 1918 年试图仅通过无线电导航空袭伦敦时，没有一枚炸弹命中目标。

第一次世界大战结束后，最初的导航系统经过改进后进入民用领域。尽管卫星导航现已成为常态，但传统的路基无线电导航辅助仍是目前商业空中交通的基础。

新发明的真空管技术很快应用于军事，更好的选择性不仅减小了设备尺寸，也扩大了接收范围。使用真空管的设备能利用更高的频率传输数据；由于天线长度与所用频率成反比，因此频率越高，天线越短，对便携式天线的需求越大。竖立的大型天线很容易暴露，在战场上架设时往往会招致敌军火力。有鉴于此，能够快速组装和拆卸且不太突出的小型天线堪称技术上的重大突破。

最后，真空管技术支持使用语音而非莫尔斯电码进行通信，信息交换的速度显著提升：熟练的无线电报务员可以通过莫尔斯电码每分钟收发 30 到 40 个单词，而语音传输的速度很容易就能达到每分钟 100 到 150 个单词。语音通信最大的优势在于，只要接受过操作无线电设备的基本培训，即便不了解点划组合也可以发送信息。

第二次世界大战前夕，主要国家的军队全部装备了便携式无线电。真空管已很常见，紧凑型无线电设备安装在车辆、坦克、飞机甚至小艇上。组合式**收发器**的概念取代了独立的收发单元，成为通行标准。

第一次世界大战期间，坦克已开始使用无线电。不过受制于天线长度，坦克在通信期间必须停止前进，并在外部安装设备和架设固定的无线电台，因此易于遭到攻击。而当第二次世界大战爆发时（以德国入侵波兰为标志），坦克已配有可以在战斗中不间断使用的无线电。无线电能提供前所未有的灵活性，在**闪电战**中扮演了重要角色。

为了最大限度提高战场上的互操作性，盟军努力推进通信设备的标准化，最终催生出第二次世界大战中最具创造性的手持式无线电 BC-611（图 3-2）。这种无线电系统最初由高尔文制造公司开发，该公司在战前一直生产汽车收音机。由于战时的巨大需求，盟国的其他几家公司最终也加入生产 BC-611 的行列。到战争结束时，BC-611 的产量已超过 13 万部。

图 3-2 第二次世界大战期间，美军使用的 BC-611 步话机

图片来源：Wikimedia Commons

BC-611 是第一种真正意义上的**步话机**，重约 2.3 千克的设备中集成了所有部件。这款真正的便携式收发器可以容纳两组电池，一组用于加热真空管灯丝，另一组用于实际的通信电路。BC-611 并不大，很容易单手操作。考虑到 BC-611 仍然是一种以真空管技术为基础的无线电系统，能将完整的收发器纳入如此小巧、紧凑且防水的设备中，在当时堪称技术奇迹。也许最重要的一点是，BC-611 的用户界面极其简单：打开电源并展开天线，然后按下按钮即可通话。用户通过调整设备内部的晶体组件与匹配的天线线圈来设置频率，因此可以在野外作业开始前将频率固定在某个频道——BC-611 没有选择旋钮，不必担心不慎将无线电调到错误的频道。

所有这些特性使 BC-611 成为一款真正的单兵军用电台，任何用户只要稍加培训就能操作。根据不同的地形，BC-611 的通信距离约为 2 到 4 千米，非常适合前线作战。

就所用频率而言，BC-611 与另一种便携式无线电 SCR-694 相互兼容。SCR-694 的部件分装在 4 个袋子中，包括无线电本身、一组天线以及一部手摇发电机（替代电池），全重达到 49 千克，因此完整展开的 SCR-694 仍然需要两人携行。SCR-694 也能用于交通工具（比如安装在吉普车上），另外通过 PE-237 振动器电源来产生无线电所需的各种操作电压。

SCR-694 非常坚固耐用，防水，运输配置时甚至还能漂浮。不过受重量所限，SCR-694 通常安装在车辆上并作半固定使用（比如用于不会频繁移动的野战指挥所），BC-611 则是前线通信的主力设备。两种无线电系统在盟军登陆诺曼底时发挥了不可替代的作用。由于"霸王行动"前后运往法国海岸的人员和物资数量巨大，因此诺曼底战役同样广泛使用了更重、更精密的上一代无线电系统——SCR-284。

BC-611 与 SCR-694 的工作频率介于 3.8 MHz 和 6.5 MHz 之间，而 SCR-284 的最高频率为 5.8 MHz。

在战争的最后阶段，高尔文制造公司还生产了第一款使用**调频技术**的军用无线电系统 SCR-300。这种电台约有背包大小，不仅音质出色，传输距离也很远。在欧洲战场与太平洋战场，SCR-300 均得到广泛应用。

战争期间出现的许多重大创新在战争结束后直接投入民用，这样的例子不胜枚举。研制 BC-611 与 SCR-300 的高尔文制造公司很好地诠释了这一点：公司在战后更名为摩托罗拉，成为 20 世纪下半叶无线业务的主要参与者之一。

步话机的概念仍然广泛用于民用领域，如 **27 MHz 民用波段**（CB）无线电，其身影几乎出现在所有关于长途卡车司机题材的电影中，美国**家庭无线电服务**（FRS）与澳大利亚**特高频民用波段**（UHFCB）等更新一代的个人便携式收发器也很常见。然而，这方面并无统一的全球标准，技术规格、许可要求与通信频率因国家而异，在一个国家使用从另一个国家购买的设备可能会违反当地的法律法规。例如，欧洲 PMR 无线电系统使用的频率在美国、加拿大与澳大利亚都用作业余无线电频率。

由于所有技术仅使用一个频道进行通信（与第二次世界大战期间的军用设备类似），因此连接具有半双工性质：任何时间内仅有一方可以通话，但位于同一个频道的收听者数量并无限制。

20 世纪初，**无线电控制**首次用于军事领域：从第 2 章的讨论可知，尼古拉·特斯拉曾在 1898 年试图说服美国军方认识到远程控制的有用之处，但当时没有取得任何进展。大约 10 年后的 1909 年，法国发明家古斯塔夫·加贝发明了第一种无线电控制鱼雷，而英国工程师阿奇博尔德·洛早在第一次世界大战期间就开始积极研究无线遥控飞机。阿奇博尔德·洛在晚年一直致力于这个领域的研究，他被外界尊称为"无线电制导系统之父"。

如今，无线电控制在军事行动中的价值显而易见——军方使用卫星控制的无人机在全球热点地区追踪恐怖分子。

值得一提的是，该领域的发展已不再局限于极为活跃的民用无线电控制。这段历史始于 20 世纪 50 年代，彼时的晶体管技术不再昂贵，也易于获取。在此之前，远程操作模型飞机（更具体地说是模型直升机）需要掌握一定的技能，缺乏相关技能往往会付出高昂的代价。相比之下，目前的**航拍无人机**已实现自动化，任何人都可以操作；即便没有控制信号，它们也能自动返回起飞位置。如今，在火山边缘以及其他危险场所拍摄引人入胜的**高清视频**已成为现实；而在过去，拍摄这些视频的成本极高，只有最专业的纪录片制片人才负担得起。这是计算机与无线技术相互融合的又一个绝佳范例。

第 2 章还简要探讨了业余无线电爱好者的活动，这些活动有时也会对战时行动产生重大影响。

第一次世界大战爆发后，英国两位业余无线电爱好者贝恩顿·希皮斯利与爱德华·克拉克通过自建接收机发现，德军使用的通信频率低于当时马可尼接收机的接收范围，显然是为了防止通信遭到窃听。

希皮斯利将两人的观察结果上报英国海军部，并设法说服军方在北海沿岸的亨斯坦顿设立了一座后来被称为"希皮斯利小屋"的特殊监听站。海军部认为这项活动潜力巨大，给予希皮斯利自由购买所需设备的权限，并授权他招募足够的人员进行 24 小时监听作业。"希皮斯利小屋"的大多数工作人员是业余无线电爱好者，他们在现场制作了包括新型测向无线电在内的多种监听设备，能精确定位精度低至 1.5 度的传输源。

德国海军与飞艇的部分损失可以归因于"希皮斯利小屋"：尤其是这座监听站向英国海军通报了德国舰队的离港信息之后，日德兰海战爆发。在这场特殊的海战中，尽管英国的军舰和人员损失多于德国，但最终迫使德国海军在战争后期不敢贸然向北海进军，从而将北海完全置于英国海军的控制之下。

1982 年，阿根廷军队控制了福克兰群岛（马尔维纳斯）。在其他所有通信联络都已中断的情况下，业余无线电爱好者莱斯·汉密尔顿坚持向英军秘密报告岛上的情况以及阿根廷军队的位置。这些信息对于英军反攻福克兰群岛（马尔维纳斯）起到至关重要的作用。

而在和平时期，业余无线电爱好者同样证明了自己的价值。2017 年，飓风"玛丽亚"肆虐波多黎各岛，摧毁了几乎所有通信基础设施。为协助管理信息流，红十字国际委员会邀请业余无线电爱好者志愿者加入救援团队。

事实证明，无线电已成为战争时期不可或缺的通信工具，但它在军事行动中存在一个明显的缺陷：由于窃听者可以截获所有传输信号，因此必须加密信息以保证通信安全，避免敌方破译截获的信息。

使用加密信息古已有之——几个世纪以来，人们一直使用加密信息确保通信的私密性，但无线电可以提供之前所没有的即时性。

第一次世界大战期间，共享密码本曾用于加密信息。但如果其中一套密码本落入敌手，通信无疑会完全丧失保密性。"希皮斯利小屋"的行动之所以能取得成功，部分原因在于英国设法获得了德国使用的密码本，因此既能定位信息，也能破译信息。

为杜绝此类情况再次发生，德国致力于实现加密过程的机械化，并在第一次世界大战结束时为此开发了名为**恩尼格玛**的系统（图3-3）。

图 3-3 恩尼格玛密码机

图片来源：Wikimedia Commons

恩尼格玛密码机类似于机械打字机。发送方选择收发双方都了解的一组**转子位置**，并使用内置键盘键入信息。接下来，恩尼格玛密码机根据转子设置将每一个键入的字母转换为新的字母，然后通过传统方式传输由此产生的类似于乱码的文本。

接收端采用相同的转子设置，通过逆向操作将信息还原为可读的原始形式。恩尼格玛密码机与莫尔斯电码相互配合，非常适合时效性要求不高的通信使用。这种系统用于收发来自德军柏林总部的最高指示。

就在第二次世界大战爆发前，经过升级的恩尼格玛密码机使用5个转子来加密信息，总共可以产生 158 962 555 217 826 360 000 种不同的转子组合。德国人认为，即便盟军最终会缴获一部分恩尼格玛密码机，也不可能破解如此复杂的系统。实际设备落入对方手中并无大碍，因为可供选择的转子位置极多，找出随机设置的正确位置难如登天。不仅如此，德军在每天午夜都会更换使用的转子位置。

因此，德军的内部通信几乎处于完全保密状态，直到1940年前后，第一次破译密码的尝试才取得成功。英国十分了解成功破译密码的巨大价值，因此不计成本地投入资源——大约一万人的努力最终换来恩尼格玛密码的破解。核心团队在英国布莱奇利园的一个绝密地点工作，由著名数学家艾伦·图灵领导，他们大力推进波兰密码学家之前完成的恩尼格玛破译工作。

恩尼格玛之所以最终失败，是因为德国人被这种系统表面上呈现出来的安全性所迷惑，在每天发送的信息中使用了若干不必要的重复结构，或仅对前一天的设置略作调整，导致潜在的组合数量大大减少。

虽然英国科学家仍然不得不使用蛮力法来破解日常密码，但可能的组合数量已从完全无法破解降至勉强可控的程度。

因此，恩尼格玛并非败于技术本身，而是败于可预测的人类行为。

英国科学家检测到若干重复的模式，并以此为基础开始密码破译工作。他们设计了一台名为"炸弹机"的设备，每天一遍又一遍有条不紊地寻找缺失的组合。"炸弹机"堪称现代计算机的前身，正因为如此，外界将提出图灵测试的艾伦·图灵视为"现代计算之父"。时至今日，人们仍然用"图灵测试"来描述这样一种测试：人类用户与计算机进行书面对话，试图弄清与自己交谈的是真人还是机器。

为尽量避免德国发现密码遭到破译而更换可能更复杂的新密码，英国采用统计方法决定是否根据截获的信息发起反制措施：也就是说，只对可能影响整个战局的情报做出回应。

面对每天破译后的德军进攻计划，决策者既要坚决阻止某些计划，也要被迫忽略某些计划，不难想见他们在决策时所面临的道德困境。那些被迫忽略的情报最终会导致盟军方面付出数百人伤亡的代价，而决策者的至亲可能也在其中。

在这场加密实时通信的战争中，美国军方使用了另一种加密战场音频传输的巧妙方法，成为一个有趣的转折点。

美洲原住民纳瓦霍人的语言在其部族之外不为人知，掌握这门语言的唯一途径是与纳瓦霍人共同生活。20 世纪 40 年代，除纳瓦霍部族外，据估计仅有 30 人能说纳瓦霍语，也没有教科书或语法书可供学习。

因此，美国陆军招募纳瓦霍人在军中担任无线电报务员，使用纳瓦霍语传递信息。

为进一步增加复杂性，美军选定一套纳瓦霍暗语来描述"坦克"和"飞机"等事物，而称呼希特勒的暗语是"疯狂白人"。

美国陆军的研究显示，担任无线电报务员的纳瓦霍人"密语者"可以在 20 秒内完成一段三行信息的编码、传输与解码，使用恩尼格玛密码机这样的设备则需要 30 分钟。

通过以某种晦涩语言为母语的人加密信息，这种设想在第一次世界大战期间就已经过小范围测试，但在第二次世界大战的太平洋战场上才真正得到大规模应用。之所以如此，是因为纳粹德国领导人注意到这种方法，并秘密派遣一批德国人类学家前往美国研究土著语言。美国军方高层并不清楚这些活动能否奏效，不过当他们发现这一反间谍活动时，决定只将纳瓦霍人作为对抗日本的主要手段。

此类系统以"隐晦式安全"[①]的概念为基础。从长远来看，它往往不是一种很好的加密机制，但非常适合在这种特殊的场合使用。日本人对监听到的美军信息感到困惑，始终未能成功破译通过纳瓦霍语传输的数据，直到战争结束，纳瓦霍语都是一种有效的加密方式。

---

① 隐晦式安全（security by obscurity）依靠设计方法、实现机制或系统组件的保密来提供安全性，这种观点已被安全专家否定。与隐晦式安全相对的是柯克霍夫原则。该原则认为，即便密码系统的全部细节都已公开，只要密钥没有泄露，整个系统也应该仍然是安全的。——译者注

相比之下，日本有能力破解美国在战争期间使用的所有其他加密方法。

盟军同样成功破译了日军使用的密码。与"炸弹机"一样，从破译的传输信号中得到的情报对于某些非常成功的反制措施至关重要。

美国海军通过截获的电文得知日本海军大将山本五十六访问巴拉莱岛机场的确切时间。1943 年 4 月 18 日，美国空军派出一个中队的 P-38"闪电"战斗机进行拦截，最终击落了山本乘坐的一式陆上攻击机。

山本之死给日本军队造成沉重打击：他是偷袭珍珠港的主谋，实际上是日本武装力量的首脑，地位仅次于天皇。这次成功的拦截使日本丧失了战争的关键战略人物，再未找到素质相当的指挥官接替山本五十六。此外，刚经历瓜达尔卡纳尔岛战役失利，接着又失去这样一位声名显赫的人物，令日本军队的士气严重受挫：山本此行的唯一目的是鼓舞日军士气，以降低美军在太平洋战场获胜的影响，而美国情报部门的密码破译能力令结果恰恰相反。

第二次世界大战中的密码破译与加密之争引人入胜，这段历史在多部影片中均有所体现：《风语者》采用有趣的手法介绍了纳瓦霍语的应用，《模仿游戏》则描述了图灵及其团队在布莱奇利园的工作。

战争中还可以采取另一种更粗暴的方法破坏敌方通信：只需使用与敌方相同的频率发送高强度信号，就能阻止其传输数据。如果敌方换用其他频率，通过自动扫描可以在几秒内检测到新的传输信号，然后再次实施阻塞操作即可。

当数字计算机技术的小型化发展到足以纳入收发器的程度时，一种新的间接加密方式开始投入军用，这就是**跳频**。

使用跳频技术的发送端与接收端无线电均配有经过同步的内部定时器，二者共享一个频率序列表。发射机在频率之间快速连续跳变，同步接收机通过使用同一个频率表来匹配这些频率。

除非敌方以某种方式获得正在使用的序列与定时信息，否则不可能通过传统的发射机干扰跳频传输。同样，不了解确切的序列也无法窃听通信，因为如果只监听固定的频率，那么跳频传输与信道上的随机干扰几无二致。

如果运用得当，跳频技术可以为通信提供一种基于硬件且抗干扰性强的伪加密渠道。这项技术最初用于减少无线电遥控鱼雷受到的干扰，因为通过固定频率控制的鱼雷很容易遭到相同频率的信号干扰而偏离目标。在 1942 年提交的跳频技术专利中，第二发明人是好莱坞最著名的女演员之一海蒂·拉玛，外界称她为"全世界最美丽的女人"。拉玛不仅是影星，也是杰出的研究人员和发明家，但她的多才多艺完全湮没在从影生涯的光芒之下。

跳频技术的优势不仅体现在战时通信，而且它还能有效抵御针对固定频率的任何干扰。由于每个序列只会在遭到"污染"的频率上停留很短时间，干扰对信道质量的总体影响因而降至最低。有鉴于此，跳频技术最终也广泛应用于民用领域。

得益于技术小型化，专职军用无线电报务员越来越少，如今已可为每架战斗机配备个人数字通信系统。

有别于传统的点对点传输，战场上所有可用的无线电硬件都能用于创建网状网。在这种网络中，每个无线接口都能感知到范围内的其他无线接口，并利用它们在网状网中传递信息。

早在 1997 年，美国国防部就已启动**联合战术无线电系统**（JTRS）项目，尝试建立适合战场通信需要的网状网。这个项目颇具雄心，但由于现有技术水平尚未达到预期结果，导致费用大幅超支且进度缓慢。JTRS 项目的总成本高达数十亿美元，无线电系统的单价估计约为 3.7 万美元。尽管存在诸多问题，JTRS 项目仍在进行中。就技术层面而言，该项目似乎致力于将网状网与另一种名为**软件定义无线电**（SDR）的新兴技术结合起来。近年来，SDR 技术的快速发展有望真正满足 JTRS 项目的要求，以期最终实现美军无线电体系结构的统一。

最后，在第二次世界大战期间，对军民大众进行巧妙而细致的宣传成为通信战的重要一环。

轴心国每天进行广播，以期打击盟军士气。德国的"哈哈勋爵"说话带有独特的英国口音，这位爱尔兰裔的通敌者在战争期间几乎从未停止过广播，对盟军发动宣传攻势。而在太平洋战场上，一批会讲英语的日本女性组成"东京玫瑰"。她们的任务是"慰藉"美军，将迫在眉睫的厄运和阴霾巧妙融入美国流行音乐中。

虽然这种广播的真正目的是显而易见的，但由于其中包含足够数量的真实信息，所以听众并未丧失兴趣。之所以如此，是因为国内的消息来源严格受限（尤其是军事行动失败的报道），军人和平民都渴望获得有关战友和亲人的只言片语，而收听敌方广播为获取本国政府严格屏蔽的消息提供了另一种途径。

如何将纯粹的宣传与可靠的消息完美结合在一起，十分考验宣传机构的能力。事实证明，即便消息是负面的，也足以迫使盟军司令部改进自己的信息流。

最后，为轴心国的宣传出力对参与者而言并非好事。

1939 年逃往德国的威廉·乔伊斯是"哈哈勋爵"背后的主要人物，这位爱尔兰裔法西斯主义者战后因叛国罪被处以绞刑。而据称是"东京玫瑰"的广播员之一、日裔美国人户栗郁子（图 3-4）在试图返回美国时因叛国罪被判入狱，6 年后最终获释。法庭在受理户栗郁子的上诉时认为，没有足够的证据表明她参与了"东京玫瑰"的广播活动。但直到 90 岁去世，户栗郁子始终笼罩在这种潜在关联的阴影之下。

在两次世界大战之间的几年中，广播这种新的单向无线通信形式逐渐流行开来，从而催生出"哈哈勋爵"与"东京玫瑰"。

无线通信的黄金时代对人类社会产生了深远影响，推动了第一波消费类电子产品的蓬勃发展，第 4 章将讨论背后的精彩故事。

图 3-4　1945 年，户栗郁子接受记者采访
图片来源：Wikimedia Commons

A Brief History of Everything Wireless

04
黄金时代

HOW
INVISIBLE WAVES
HAVE CHANGED
THE WORLD

—

雷金纳德·费森登（图 4-1）是一位加拿大牧师之子，年仅 14 岁就在加拿大魁北克省的主教大学修读数学专业硕士课程，并在主教学院（主教大学的预科学校）为同龄人授课。

尽管能力出众且完成了毕业所需的课程，但费森登在 18 岁正式毕业前离开了学校，前往百慕大群岛任教。

然而，费森登的注意力完全集中在美国本土如火如荼进行的电力革命上。仅仅两年后，好奇心最终驱使他前往纽约。费森登的目的很明确，就是为天才托马斯·爱迪生工作。

图 4-1 雷金纳德·费森登（1866—1932）

图片来源：Wikimedia Commons

爱迪生起初并不认同费森登非传统的学术背景，但费森登坚持自己"无论什么工作都能干"的态度为他赢得了一个机会：在爱迪生的一家公司担任技术要求不高的测试员。接下来的 4 年中，费森登的努力得到回报，他迅速脱颖而出，成为公司的首席化学家。直到1890年，费森登与其他许多杰出的工程师因爱迪生的财务问题而被迫离职。

这个小小的挫折并未阻止费森登前进的脚步：与尼古拉·特斯拉一样，他也曾短暂受雇于乔治·威斯汀豪斯；凭借在电气工程方面的实践背景，费森登成为西宾夕法尼亚大学（现匹兹堡大学）电气工程系主任。费森登为新发现的无线电波设计了一套实用的演示装置。不过当马可尼在1896年宣布成功进行演示后，费森登感觉自己在竞争中落败。

费森登以传统的火花隙技术为基础设计出一套工作装置。在一次实验中，发射机的莫尔斯电键被卡住，导致接收机发出连续的啸叫声。经过深入研究，费森登推测可以通过某种方式调制无线电信号以传输语音。接下来的几年中，费森登致力于研究无线电传输。

在大学晋升无望后，费森登离开学术界并开始寻求私人资助，以便继续开展无线电传输方面的研究。1900年，费森登首次在财务方面取得突破：他与美国气象局签订合同，利用无线电取代电报线路来传输气象局的天气预报信息。根据合同，费森登可以保留全部发明的所有权。在此期间，他对信号检测器技术做了部分改进。

但费森登的个人目标仍然是通过无线电波传输音频，他在1900年年底终获成功。值得铭记的是，由于当时固态电子元件尚未问世，费森登早期的音频传输设备仍然以最基本的机电式火花隙技术为基础。考虑到他不得不使用极其原始的技术，语音传输取代莫尔斯电码堪称一项重大成就。

在多年的职业生涯中，费森登是一位多产的发明家，拥有超过500 项专利。1906 年，费森登使用莫尔斯电码率先实现了横跨大西洋的双向通信，效果优于马可尼在 5 年前进行的单向通信实验。他因此认识到**电离层**的作用——电离层位于大气层上层，可以反射当时使用的主要频率。费森登注意到，由于**太阳辐射**的影响，传输距离在一年甚至一天之内都会发生很大变化。

费森登甚至还进行了一次意料之外的跨大西洋音频传输：在某次测试中，位于苏格兰的接收机偶然收到发往美国的信号。他原本计划当年晚些时候在电离层达到最佳条件时采用受控设备重复这个过程，遗憾的是，一场冬季风暴摧毁了苏格兰接收站的天线。

成功进行音频传输并非费森登唯一的开创性发明。他在 1901 年提出领先于时代的外差原理，直到 3 年后，人们才利用电子元件在实践中证明这项理论。时至今日，外差原理（其应用形式为超外差接收机）仍然在无线电接收机技术中占有重要地位。

费森登在音频传输领域取得的早期进展吸引了投资者的目光。受雇于新组建的美国国家电力信号公司（NESCO）期间，他继续致力于研究连续波发射机技术，以取代现有的火花隙式发射机。在此期间，费森登将自己当时的部分重要专利转让给 NESCO，并代表公司在这一领域提交了多项新专利，由此奠定了 NESCO 知识产权组合的基础。

对于费森登推动的这项新技术，当时的一些开拓者并未放在眼里。他们坚信，只有使用火花隙式发射机才能产生足够强的无线电波。

实践证明，利用机电设备制造高频发电机非常复杂：成功的演示装置只能产生极低的传输功率，费森登早期的连续波传输因而距离限制在10千米左右。费森登将这项工作分包给通用电气，这家企业的前身由托马斯·爱迪生创办的多家公司合并而成。

厄恩斯特·F. W. 亚历山德森负责监督费森登与通用电气的合同执行，他在合同到期后继续从事这方面的研究，最终因发明一系列大获成功的**亚历山德森交流发电机**而载入史册（图4-2）。亚历山德森交流发电机是一种机电式连续波发射机，能产生足以跨越大西洋的无线电波。

图 4-2 亚历山德森交流发电机

图片来源：Wikimedia Commons

但在20世纪初，费森登不太在意有限的传输距离——他了解音频调制的巨大潜力，只有圆满解决调制问题后，才能着手处理功率问题。

费森登的众多演示取得了不错的进展，他在1906年圣诞节首次利用无线电波传输音乐，期间还亲自演唱并演奏小提琴。此外，费森登使用留声机唱片作为音频传输源。

由于这次成功的演示，外界将费森登视为**广播**（向听众单向播送节目）的奠基者。而通过将自己的朗诵和预先录制的音乐相结合，费森登也在不知不觉中成为全世界第一位电台主持人。

几天前，费森登还在美国马萨诸塞州布兰特罗克演示了有线电话网与无线音频传输系统之间的互连，从而实现了两种通信技术的结合。

遗憾的是，与真正具有开拓精神的企业一样，NESCO 未能提供投资者期待的投资回报，费森登与其他股东之间由此产生巨大矛盾。从第 3 章的讨论可知，NESCO 曾寄望于在美国海军的无线电业务中占有一席之地，但没有成功。费森登后来付出了大量努力，但整体情况并未好转。费森登与财务支持者陷入漫长而复杂的法律纠纷，最终导致 NESCO 濒临破产。

不久之后，费森登终于时来运转，新发明的真空管技术为产生大功率连续波提供了可行的替代方案。费森登为音频调制与接收机技术申请的专利终于开始结出硕果：NESCO 的专利组合先是出售给西屋电气，后来被美国无线电公司（RCA）收归旗下。

费森登对这笔交易的部分内容提出异议。1928 年，就在他去世前 4 年，RCA 通过支付一笔可观的现金了结此案。对 RCA 而言，这是一笔非常划算的交易。公司充分利用掌握的技术，逐渐成为 20 世纪中期的企业巨擘之一。

尽管起步并不顺利且在整个商业生涯遭遇无数挫折，但经过 20 多年的努力，费森登在连续波技术领域不断取得进步，为无线电传输技术发展史添上浓墨重彩的一笔。在 RCA 引领的广播革命中，这些技术进步至关重要。

RCA 的故事始于第一次世界大战结束之后。战争初期，美国马可尼无线电报公司（通常称为"美国马可尼"）在跨大西洋无线传输领域居于主导地位，它是马可尼商业帝国（总部位于英国）的旗下企业。

根据当时的法律规定，美国军方在战争期间接管了公司资产，但并未在战争结束后交还马可尼。公司资产通过一系列举措被强行收购，这些举措只能视作机会主义者与贸易保护主义者的交换，旨在将一家外国企业排挤出美国市场。这一收购归因于一个独有的技术细节，马可尼因此处于极为被动的地位。

通用电气是 RCA 的主要所有者。如前所述，通用电气也生产亚历山德森交流发电机。在马可尼制造并销往世界各地的远程发射机中，亚历山德森交流发电机至关重要，因为当时没有其他方法能产生大功率连续波。因此，当通用电气提出继续向马可尼出售这种交流发电机以换取对方在美国的资产时，马可尼实际上别无选择，只能接受美国子公司被收购的现实。

美国马可尼的资产最终成为 RCA 掌握的第一批核心技术。但极具讽刺意味的是，不到 5 年，快速发展的真空管技术就淘汰了亚历山德森交流发电机。

美国陆军与美国海军均为 RCA 董事会成员，在公司的创建过程中功不可没。最重要的是，通过在战争期间强制共享专利，军方帮助解决了通用电气与其他主要公司围绕无线和电子元件技术的诸多潜在专利纠纷。凭借由此产生的强大专利组合以及非常富有的支持者，RCA 处于从战后社会经济繁荣中获益的最佳阶段，成为"在正确的时间和正确的地点"取得成功的典范。

彼时，无线电技术已经发展成熟，大功率音频传输不再是梦想，无线电接收机的制造成本也降至大众可以负担的水平。无线电接收机由此成为"必备品"，千家万户开始购买。

当人人都负担得起非常有用的新发明后，**曲棍球棒效应**开始显现，这种情况已多次出现：销售额突然急剧上升，如果企业拥有最好的产品，就能尽可能多地销售出去。

RCA 处于这场消费风暴的风口浪尖。在当时最伟大的商业领袖之一戴维·萨尔诺夫的带领下，RCA 迅速成为无线领域的巨擘，创造出第一个全球公认的通信帝国。1921 年，爱因斯坦访问了 RCA（图 4-3）。

图 4-3 1921 年，爱因斯坦访问 RCA，左八为 爱因斯坦，左四为戴维·萨尔诺夫
图片来源：Wikimedia Commons

戴维·萨尔诺夫是俄罗斯移民，早年曾受雇于美国马可尼，在楠塔基特无线电台担任无线操作员。他在值班时收到一条至关重要的电文：

> "泰坦尼克"号撞上冰山，正在迅速下沉。

萨尔诺夫声称，之后的 72 小时中，他一直在不停地传递与救援任务有关的电文。

在"泰坦尼克"号事故发生后的 4 年里，萨尔诺夫迅速从美国马可尼脱颖而出。一则广为流传的故事是，萨尔诺夫于 1916 年提交了一份"无线电音乐盒"备忘录，试图向公司管理层推销自己的广播模型理念：

> 在我的设想中，无线电应该成为与钢琴或留声机具有同等意义的"家用电器"——期待通过无线方式使音乐进入千家万户。

萨尔诺夫的提议并未得到回应。第一次世界大战爆发后，民用无线电的发展在整个战争期间完全停滞。

战争结束后，美国马可尼的资产移交给 RCA，包括萨尔诺夫在内的大多数员工也加入了 RCA。萨尔诺夫在新公司终于获得支持，得以继续推进他在战前提出的大胆设想。

萨尔诺夫很清楚，向大众传播娱乐信息、新闻与音乐将有力推动对 RCA 设备的需求。他成功说服刚刚起步的 RCA 提供所需资金，将自己的理念转变为大规模、多方面的业务：不仅涵盖生产无线电接收机，也包括创作广播内容。萨尔诺夫的举措引发了一场革命，将成熟的双向通信系统转变为如今价值数十亿美元的单向广播帝国。

1921 年，萨尔诺夫组织了一场重量级拳击比赛的实况广播。当晚的听众达到数十万人，远远超过实际场地所能容纳的观众人数。一个触手可及、拥有大批受众的市场由此诞生。

此类事件展现出这项新技术的潜力，加之设备销量飙升，**RCA** 的市场主导地位得以巩固。公司成为美国无线黄金时代的催化剂；从音乐、体育直播到最新的新闻报道，电波中充斥着各类娱乐节目。一种全新的体验随之而来：配有声音场景的**广播剧**激发了听众的想象力。有时候，这些广播剧的成功甚至超出制作人最大胆的想象。

1938 年 10 月 30 日星期日，在那个宁静的夜晚，哥伦比亚广播公司的听众正在欣赏"来自纽约广场饭店"的舒缓现场音乐（图 4-4）。

然而，音乐间隙很快开始插播新闻快讯：起初是普通的天气预报，随后的报道称，人们通过望远镜观察到火星表面出现的奇怪明亮闪光。一位困惑的天文学家接受采访后，音乐再次响起。接下来，另一条新闻快讯则透露了美国新泽西州发现了多颗陨石。

更多的音乐与普通新闻快讯接踵而至。

图 4-4 1938 年，奥森·韦尔斯在哥伦比亚广播公司演播室拍摄宣传片

图片来源：Wikimedia Commons

不久之后，这些看似实时的新闻快讯内容发生了惊人的转变：新泽西州格罗弗岭的地面上出现了奇怪的圆柱形物体，不祥的声音环绕在周围。随后，有目击者称"奇怪的生物"从圆柱体中爬出来。

报道变得越来越不同寻常，也越来越令人不安。背景中传来警报声和喊叫声，直播最后戛然而止。

直播恢复后，哥伦比亚广播公司将中断原因归咎为"现场设备的技术问题"。但在另一段简短的音乐插曲之后，播音员严肃地宣布，"火星入侵者"导致多人死亡。

新泽西州宣布戒严。

据报道，军队攻击了入侵者，紧接着现场目击者描述了火星人造成的巨大伤亡。据称，与此同时，越来越多的圆柱体在格罗弗岭着陆。随后，"华盛顿的内政部长"发表情绪激动的讲话，描述火星人对地球人的"可怕袭击"。

接二连三的新闻快讯显示，情况变得越来越糟：军队据称动用轰炸机与火炮反击火星人，但收效甚微。最后，关于邻近的纽约市遭到火星入侵者占领的报道铺天盖地。

不过，如果纽约市或新泽西州的听众听到这些报道并愿意向窗外一望，就会发现手持射线枪的火星人杳无踪迹。

尽管很容易就能证实"火星人入侵地球"的真伪，但不断增多的假新闻宣称情况越来越恶化，部分听众仍然感到惊慌失措。

这时，哥伦比亚广播公司首度发布通告，表示该节目只是万圣节前富有戏剧性的恶作剧，但这一解释显然未能令所有人信服。

形势持续恶化。最终，在纽约市遭到大规模破坏的报道之后，火星入侵者突然死亡——它们显然对地球上常见的病毒束手无策。

战争结束，地球人在病毒的帮助下击败了火星人。

而在现实生活中，可能存在的火星人并未远离自己的星球。这出广播剧巧妙改编自赫伯特·乔治·威尔斯的小说《世界大战》——当然，有些听众已经发现了这一点，因为广播剧的故事情节以及对火星人的描述与他们读过的小说几无二致。

然而，不少人显然没有意识到这一点，这种"真人秀"形式吓坏了打开收音机的大批听众。许多人在广播剧进行到一半时（也就是最紧张的时刻）开始收听，错过了哥伦比亚广播公司的首度通告：节目只是简单的恶作剧而已。

结果，美国各地的听众纷纷将节目内容当作对真实事件的描述。该广播剧的导演名叫奥森·韦尔斯，这位雄心勃勃的年轻人突然发现自己陷入困境，人们甚至将某些自杀事件也归咎于这出广播剧。

第二天早晨，在仓促召开的新闻发布会上，韦尔斯设法说服大众，希望自己和公司不要被起诉或吊销广播许可证。他表达了深深的悔意，首先表示：

> 对于昨晚节目的后果，我们深感震惊和遗憾。

韦尔斯随后提到，节目造成"未曾预料的影响"。但他强调，节目播出期间曾多次澄清这只是一部广播剧。

由于全美媒体对节目效果的炒作，韦尔斯在好莱坞的职业生涯大获成功，《公民凯恩》这部伟大的电影就出自韦尔斯之手。

广播剧《世界大战》具体展现出广播的广泛影响力，好坏兼而有之。无线电不再只是进行双向信息交换的通信工具，它也成为一种强大的单向传播媒介，能实时覆盖大量人口。这种工具可以用来安抚或煽动民众的情绪。

固态电子元件的快速发展使这一切成为现实。接收机技术不仅实现了小型化，价格也降至普通人可以负担的程度。

诞生于 1904 年前后的**矿石收音机**是最便宜的无线电接收机，适用于火花隙与连续波传输，但听众需要使用耳机收听节目。此外，矿石收音机的灵敏度极低，必须尽量靠近发射机才能收到信号。

小型化技术在第一次世界大战期间发展迅速，以真空管为基础的经济型设备在 20 世纪 20 年代崭露头角。这些设备已内置放大器和扬声器，因此听众不再需要耳机。有源电子器件的发展与超外差技术的应用使接收范围显著扩大，电台随处可见，数量成倍增加。

自此，全家人第一次可以围坐在收音机旁一起收听节目，一种新的家庭消遣方式由此诞生。

需求增长推动了接收机的批量生产，加之制造商之间的激烈竞争，使得产品价格迅速下降。世界见证了第一次消费类电子产品的蓬勃发展：随着新技术的成熟与大规模应用，这种现象已重复了无数次。

由于接收机越来越复杂，加之真空管的寿命有限，使得接收机需要不时进行维护。这反过来又创造出一种全新的服务行业，这一行业致力于确保不断增加的消费类设备能正常工作。收音机调试工作如图4-5所示。

图 4-5 20 世纪 20 年代，美国著名的"布罗克斯三姐妹"在调试收音机

图片来源：Wikimedia Commons

在广播方面，数量迅速增长的听众对源源不断的娱乐内容满怀期待。1920 年，西屋电气成为美国第一家政府授权的广播公司。而在购买超外差技术专利后，西屋电气也成为 RCA 的大股东之一；为了生产具有竞争力的无线电接收机，RCA 必须取得这些专利。

人们原本只是将创作广播内容视为支持无线电设备销售的必要支出，但随着广播电台的数量迅速增长以及维护成本激增，广播的广告成为有利可图的资金来源。起初，美国电话电报公司垄断了以广告为基础的广播业务，不过外界很快认为，仅由一家企业来经营如此庞大且持续增长的市场并非良策。这为哥伦比亚广播公司、美国全国广播公司（RCA 的广播部门）等大型网络的发展奠定了基础。这些网络迅速扩张到美国各地，很快覆盖了所有主要的城市地区。

全国性网络逐步建立，之前独立分散的电台携手并进，令这种新媒介的受众潜力达到前所未有的程度。人们第一次可以跟随事态发展，在全美范围内实时关注新闻、事件、布道、体育以及其他娱乐活动。广播成为统一的载体，提供源源不断的信息和娱乐内容——广播或者作为背景出现，或者现身舞台中央。

广播也是第一种社会经济均衡器。无论距离大城市远近，不分是否受过教育的城市居民，所有人在一夜之间都能获得同样的信息。部分惊慌失措的报纸甚至拒绝刊登广播节目单，担心自己的商业模式在竞争中落败——印刷机毕竟无法与即时播报最新事件的广播一较高下。

覆盖全国的潜力意味着巨大的受众。早在 1924 年，仅美国就有超过 300 万台收音机；换言之，大约 10% 的家庭购买了收音机。咖啡厅、餐厅以及其他公共场所都将收音机视为吸引顾客的手段。

与此同时，广播电台的数量已增至 500 家左右。考虑到此时距费森登进行首次音频传输仅有 18 年，而第一批工业生产的真空管 9 年前才在法国问世，这种增长速度确实惊人。而在技术层面，RCA 也成为真空管的主要制造商之一。1922 年至 1924 年间，RCA 的真空管产量从 125 万件增至 1135 万件。

1929 年，当大萧条席卷美国时，大多数企业都遭受重创，只有广播行业除外。人们将广播视为一种无须购票或支付旅费的廉价娱乐方式，因此在 1930 年至 1933 年间，无线电接收机的销量又增加 400 万台也就不足为奇了。

拥有覆盖全国的广告权与拥有印钞权并无二致：除覆盖全美的节目外，还有数以百计本地化运营的独立小型广播电台。

广告提供了一种简单和可持续的融资模式，因此成为新媒体迅速扩张的重要催化剂。数百万听众在收听最成功的节目和体育赛事。为吸引这些听众，广告商热衷于争夺可用时段，而全国性广播网也乐于将播放时间出售给出价最高者。在美国，广播和广告的结合堪称一桩利润丰厚的联姻（图 4-6）。而在大西洋彼岸的欧洲，这项新技术的早期部署方式则大相径庭。

1922 年，英国成立了第一家全国性广播公司——英国广播有限公司，创始人之一正是古列尔莫·马可尼本人。根据《无线电报法案》的规定，从第二年开始，收听广播需要每年缴纳 10 先令的无线电许可费。

当时，体力劳动者的平均周薪为 2 英镑 12 先令。从这个角度来看，在英国收听广播的成本与收入水平相比并不算高。但是，《无线电

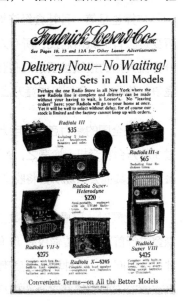

图 4-6 1924 年，RCA 在报纸上刊登无线电设备的广告

图片来源：Wikimedia Commons

报法案》有助于英国广播有限公司在没有直接广告收入的情况下稳定运营。

相较于以广告为基础的广播网络，政府征收的间接税使英国广播有限公司处于更加独立的地位。或许正是由于这种根本性差异，英国广播有限公司在 1927 年更名为英国广播公司 [1]。时至今日，外界仍然将这家成立近百年的广播公司视为全球最客观公正的新闻来源之一 [2]。

英国至今依然采用许可证制度，不过已从广播许可证改为电视许可证。家庭或企业每年支付大约 200 美元（2017 年）的许可证费用，一张许可证最多可用于 15 台接收设备。

因此，英国家庭平均每天需要支付大约 50 美分，以维持英国广播公司的独立性。

现有的大众市场与持续快速发展的技术相结合，为制造商创造出一个良性循环的生态。高质量的音频传输之所以成为现实，得益于 20 世纪 30 年代末向调频技术的过渡。客户乐于升级接收机，之后无处不在的调频收音机由此诞生。

---

[1] 英国广播有限公司（British Broadcasting Company）属于商业广播公司，提供部分由英国报纸付费的赞助节目；而英国广播公司（British Broadcasting Corporation）属于非商业广播公司，其资金来源、运作方式与发展方向由《皇家宪章》规定。二者的英文简称均为"BBC"，目前在提到 BBC 时一般指英国广播公司。若不做严格区分，两家公司也可统称为"英国广播公司"。——译者注

[2] BBC 的新闻报道是否公正客观是个仁者见仁、智者见智的问题，请读者自行判断。——译者注

得益于小型化的发展，第一代便携式收音机于 20 世纪 30 年代问世。体积减小的收音机可以装入汽车，漫长的旅途从此不再枯燥。无论过去还是现在，车载收音机在美国都很普遍。穿插直接广告的音乐是许多电台节目的主要组成部分，但广告商也采用了更微妙的形式。

长期播出的广播剧会直接或间接植入赞助商广告，这种形式非常成功，在广告产品与客户之间架起一座有力的桥梁。这些每天播出的连载广播剧给听众留下悬念，他们急切地盼望收听下一集——当然，下一集会加入更多的赞助商广告。

为这些节目创作的大部分声音场景都是在实际播出时现场制作的，相当复杂且极富创新性。它们传递推动故事情节发展的声音图像，培养听众的想象力，因此每个人对广播剧的体验都有所不同。

但随着电视的出现，动态图像的魅力彻底改变了观众的体验——每个人都能看到并分享同样的图像，如同在电影院观影，只不过地点换成了自家客厅。如今，广播剧是节目的特例，因为电视的动态图像效果惊人，能提供更容易理解但也更被动的体验。

因此，广播模式借助这种新的视觉媒体发展壮大，但新发展的重点连同巨额广告预算迅速向电视倾斜。这一进展始于 20 世纪 50 年代，用巴格斯乐队的一首单曲来概括颇为恰当："录像带杀死电台明星"。

电视的诞生为制造商与提供设备维护服务的公司创造出另一个全新的市场，而动态图像的惊人效果令广告的说服力上升到前所未有的高度。

广播节目的预算因而骤然减少,全国性联合组织的价值随之下降。广播节目的听众构成和期待发生根本性变化:广播的重点越来越转向新闻和访谈类节目,致力于播送当地信息和音乐,以便在听众的主要注意力转向其他场合时(比如日常通勤)满足他们的收听需要。

最后,广播之所以延续至今,正是由于巴格斯这样的乐队注重音乐内容所致。技术进步推动收听体验进一步改善,调频收音机中加入了立体声效果。

向立体声传输的过渡颇具独创性,市场上已有的数百万台单声道接收机并未因此而弃之不用。立体声传输巧妙利用了调频收音机较宽的信道带宽:立体声信号左右声道的模拟和采用与之前完全相同的方式发送,从而产生完全向后兼容的基本单声道声音。此外,左右声道的模拟差分信号用于调制 38 kHz 载波信号,再叠加到普通的单声道传输之上。

调频广播的信道宽度为 100 kHz,而单声道音频的最大频率仅为 15 kHz,因此在无须改变底层系统的情况下,插入额外的 38 kHz 载波信号绰绰有余。

单声道接收机不能处理这个载波信号,因为普通的扬声器和耳机甚至无法还原频率如此之高的声音;即便可以还原,这种频率也远远超出人耳能感觉到的听觉范围。但新型立体声接收机有能力提取并**解调**这个额外的载波信号,可以通过简单的模拟加减法在两个并行的信号源(L+R 和 L−R)之间再现原始的左右信号。

无线电数据系统能自动切换到发送流量通告的频道,并加入电台标识符信息。除此之外，调频收音机自 20 世纪 60 年代初以来并无太大变化。但数字技术问世后，**数字音频广播（DAB）**的出现使音频广播再次面临重大的技术变革。

部署数字音频广播技术的最大障碍在于，它与已有的数十亿台调频接收机互不兼容，因此到目前为止进展极其缓慢。在欧洲，最便宜的数字音频广播接收机已降至 30 美元，但传统的模拟调频收音机售价不到 10 美元，甚至手机也往往集成了调频接收机的功能。

更糟糕的是，DAB 的升级版 DAB+ 与第一代 DAB 接收机互不兼容，令所有早期用户非常不满。目前已有 30 多个国家尝试进行 DAB，或在常规广播中应用这项技术。但凭借通用、成熟、廉价的最终用户技术，传统的模拟调频收音机至今仍然展现出极强的适应性。

研究 DAB 时，英国是个不错的案例。1995 年，英国、瑞典、挪威等 3 个国家率先部署实验系统。截至 2001 年，尽管伦敦地区已有 50 家 DAB 电台，但收听 DAB 的人数并未显著增长。

尽管可能存在种种问题，率先尝试 DAB 的挪威仍于 2017 年 12 月关闭了模拟调频广播，全面拥抱 DAB。

全球所有广播公司都在密切关注挪威关闭调频广播的首次尝试。挪威是一个富裕的国家，拥有良好的基础设施与较高的平均生活水平，因此实现这种根本性转变应该并非难事。

与之相对，美国尚未决定转向 DAB。天狼星 XM 卫星广播在全美提供多信道数字分发服务，另一种被称为**高清广播**的混合模拟 / 数字技术业已问世。

高清广播采用与嵌入立体声音频相同的向后兼容技术，利用调频广播信道的额外带宽将同步数字信号嵌入传统的模拟传输信号。这种数据流可以提供相同的数字音频格式，还能为替代内容提供有限的一组多个并行数字信道。

因此，普通的调频接收机仍然可以接收高清广播频道。从这个意义上说，相较于 DAB，将调频广播升级到高清广播更为实用。然而，高清广播能否获得广泛接受尚待观察。

在广播公司看来，迁移到数字音频广播和高清广播的技术原因与迁移到数字电视并无本质差别。数字数据流也存在一些问题，导致收听数字广播的体验远逊于传统的调频广播。

即便模拟调频广播的信号差、干扰大，听众通常也能理解广播内容。调频广播在大多数情况下具有连续性：信号质量可能很差，但不会一次性完全消失几秒钟。

而数字广播接收机往往要么收到质量极高的信号，要么遭遇恼人的信号盲区，有时还伴有响亮的金属啸叫声。这是因为接收机收到的数字编码信号不完整，导致难以正确解码。这种糟糕的体验对驾车的听众往往影响更大，因为收听广播是驾车时的主要活动之一。

天狼星 XM 卫星广播的接收质量通常不存在太大问题，因为信号总是"来自上方"，角度取决于听众所在的纬度。卫星天线一般位于车顶，始终和太空中的卫星保持视距连接。诚然，桥下停车或驶入多层停车场时信号可能中断，但除此之外，接收质量往往很好。

除上面提到的"具体"示例外，我仅有一次遇到天狼星 **XM** 卫星广播出现接收问题，是在驾车经过美国西雅图附近的一片茂密森林时。西雅图位于北纬地区，这里的林木不仅高到足以遮挡汽车与赤道上方卫星的视距，也厚到足以抑制传入的微波信号。

相对于推广数字电视，向公众推广数字音频广播要困难得多，信号质量或移动接收只是原因之一。普通的立体声调频广播通常"足以满足"大部分消费者的需要，数字电视则有所不同，因为用户更容易感受到图像质量的改善。高清广播是一种向后兼容的技术，假以时日或许才能证明其价值。

此外，定义单个数字频道所用的带宽极其灵活，因此广播公司也能采用有违常理的方式切换到数字音频。率先尝试数字音频广播的英国便是一例：某些频道使用极低的比特率甚至单声道信号，导致数字音频广播听起来完全不如传统的模拟调频广播。

无论数字音频广播还是高清广播，目前下定论都为时尚早。然而，随着电视登上舞台，广播行业的下一次革命随之出现。模拟或数字立体声音频体验都无法与动态图像一较高下，电视迅速占据上风。

A Brief History of Everything Wireless

05
动态图像

HOW
INVISIBLE WAVES
HAVE CHANGED
THE WORLD

勤学好问的年轻头脑、大量充裕的闲暇时间、启发心智的海量阅读——这些因素结合在一起，激励许多发明家走上成功的职业道路。对一个名叫菲洛·法恩斯沃思（图5-1）的12岁小男孩来说，这种富有成效的结合发生在1918年，就在他随家人迁往美国爱达荷州里格比的一间大农场之后。

图5-1 菲洛·法恩斯沃思（1906—1971）

图片来源：Wikimedia Commons

法恩斯沃思在新家的阁楼上找到许多科技图书和杂志，他利用业余时间如饥似渴地阅读了那些资料。

农场的电灯由一台简陋的发电机供电，这台发电机极大激发了法恩斯沃思的好奇心。搬到里格比之前，他住在犹他州一座使用简易油灯照明的小木屋中。相比之下，能用上发电机实属巨大进步。

法恩斯沃思发现这台不那么可靠的发电机总有些小毛病。他还搜罗到一台电动机驱动了家里的手动洗衣机，这令母亲颇为高兴。

电视的概念在法恩斯沃思找到的图书和杂志中均有提及，不过功能齐全的无线演示装置尚未出现。当时最先进的无线技术只能传输简单的音频，但许多科技期刊都在探讨以无线方式传输图像的可能性。

彼时，人们设想的电视以1884年获得专利的**尼普科夫圆盘**为基础。这种机械系统的圆形板开有沿半径均匀分布的小孔，它们将图像切割为若干个同心圆弧，每个圆弧的光用于调制电子光传感器。接收端与发送端同步反转，就能再现投射到发送端尼普科夫圆盘上的动态变化图像。这充其量只能算是一种笨拙的方法，因为高速旋转的大型圆盘不仅会产生噪声，也很容易发生严重的机械故障。

1907年，俄罗斯科学家鲍里斯·罗辛发明了第一种实用的尼普科夫圆盘系统，多年来他一直积极致力于这种系统的研究。罗辛的发明取得了多项专利，《科学和发明》杂志发表的一篇文章介绍了罗辛的演示装置，并附有系统示意图（图5-2）。

图 5-2 1928 年，《科学和发明》杂志刊登介绍尼普科夫圆盘系统的文章

图片来源：Wikimedia Commons

法恩斯沃思了解机械系统的基础性缺陷，高中时就开始设计一种完全使用电子技术的系统。他的概念性设计由水平扫描的直线构成，通过快速连续的叠加和重复以形成连续的图像快照流（称为帧）。如果这些连续显示的图像速度足够快，就能使人产生动态图像的感觉。根据法恩斯沃思的说法，他在耕

种自家土地时萌生了**扫描线**的想法。

法恩斯沃思与高中化学老师讨论了自己的想法，并交给老师一张系统示意图。这位老师无意间成为一位有价值的证人，后来帮助法恩斯沃思赢得了与广播巨头 RCA 的一场重要专利纠纷。

1897 年，另一位发明家卡尔·布劳恩利用**布劳恩管**解决了电视的固态显示问题。布劳恩管是所有**阴极射线管**的前身，这种全电子化元件快到足以使人产生连贯动作的错觉。因此，所有电视技术的显示端都无须配备移动部件，罗辛的早期系统甚至也在显示端使用了阴极射线管。

布劳恩还是无线技术的早期开拓者之一，在调谐电路领域颇有建树。1909 年，布劳恩与马可尼共同荣获诺贝尔物理学奖。

如果不希望在电视系统发射端使用机械部件，就需要采用全新的图像处理技术，法恩斯沃思为此发明了**析像管**。

传统的相机镜头系统负责将图像投射到光敏传感器板，传感器的每个区域都能获得微小的电荷，其数量与照射到板上相应位置的光量成正比。如果将传感器封装在水平和垂直方向都有栅极的真空管状结构中，就能使电子束沿传感器表面偏转，从而产生不断变化的电子流，其数量与照射到每个扫描位置的光量成正比。

析像管是一种全电子化元件，因此上述过程能以很快的速度（每秒）重复数十次，从而覆盖整个传感器区域。假如连续静态图像的速度足够快，人眼就会将这些静态图像视为动态图像。

如果发送端使用析像管的输出作为调制信号并在信号中嵌入适当的定时控制信息，接收端就能重建采集到的静态图像流，并利用现有的阴极射线管技术显示收到的传输内容。

法恩斯沃思的析像管原型功能齐全，是第一种提供**摄像管**主要功能的装置，为易于操作的高质量电视摄像机奠定了基础。

经过多年努力，法恩斯沃思终于将自己的想法转化为可以实际传输图像的系统。他坚信这项发明能带来巨大的经济效益，甚至请求久负盛名的美国海军学院（法恩斯沃思曾在此就读）批准自己荣誉退役，以确保今后能以唯一所有人的身份提交专利申请。

法恩斯沃思说服美国旧金山的两位慈善家投入了 6000 美元（以现价计算约 7.5 万美元）资助自己的研究。他利用这笔资金建立了一座实验室，全身心投入到电视的研究工作。

1927 年，法恩斯沃思利用析像管的工作原型成功发送了第一幅静态图像。当接收机的阴极射线管显示出测试传输图像（一条简单直线）的稳定图像时，他对自己的成果深信不疑：

没错，这就是电子式电视。

法恩斯沃思也很幽默：当投资者不断敦促他提供财务回报时，法恩斯沃思展示给投资者的第一幅图像是一个美元符号。

1929 年，法恩斯沃思拆掉了原始系统使用的最后一个机械部件，并传输了第一批真人图像——包括他妻子的一张照片。

但竞争日趋激烈，而对手财力雄厚。

尽管拥有实用的电子析像管系统，且手握相关专利来支持自己的主张，但法恩斯沃思最终还是陷入了与 RCA 的激烈纠纷，这家广播巨头试图撤销法恩斯沃思的专利。RCA 已投入巨资开发自己的摄像机，其原理与法恩斯沃思的系统并无二致。戴维·萨尔诺夫希望自己的公司成为专利所有者，而非专利被许可方。

萨尔诺夫提出以 10 万美元的高价购买法恩斯沃思的专利权，并邀请他加入 RCA。但法恩斯沃思倾向于保持发明家的独立性，以期从许可中获利。这有违萨尔诺夫不支付许可费的基本思想，他开始对法恩斯沃思提起诉讼。在法庭上，RCA 的律师公开宣称一个"乡巴佬"怎能提出如此具有革命性的设想。然而，尽管投入大量人力物力，RCA 最终还是输掉了这场官司。上文提到的化学老师成为支持法恩斯沃思的关键证人，这位老师向法庭展示了法恩斯沃思多年前交给他的析像管原始示意图。

从这一重要细节可以看出，法恩斯沃思在这个领域的研究早于弗拉基米尔·佐利金在 RCA 实验室的工作。佐利金也申请了多项关于电视技术的早期专利。

对 RCA 尤为不利的是，佐利金无法提供任何能支持早期成果的有效例证，他的专利也过于宽泛。而尽管专利提交时间比 RCA 晚 4 年，但法恩斯沃思拥有完全符合专利申请的产品原型。萨尔诺夫意识到 RCA 所处的不利地位，决定尽可能拖延诉讼过程，不断对裁决提出上诉。萨尔诺夫打算让法恩斯沃思忙于诉讼，以耗尽他的资金并减少专利保护的剩余有效时间。

尽管 RCA 在 1934 年已基本输掉这场官司，但公司又花了 5 年时间进行代价高昂的上诉，都以失败告终。RCA 最终被迫接受这一事实，并与法恩斯沃思达成和解。

法恩斯沃思在 10 年中获利达 100 万美元，再算上专利许可费，已远远超出萨尔诺夫当初 10 万美元的报价。

虽然法恩斯沃思当时看似大获全胜，但他并未得到命运女神的垂青：日本偷袭珍珠港使美国卷入第二次世界大战，导致电视广播领域的所有发展在随后 6 年中完全停滞。

战争结束后，电视的发展开始出现曲棍球棒效应，而法恩斯沃思的专利在此之前已经过期。承诺的许可费从未兑现，令他蒙受重大损失。

不过，法恩斯沃思依然有固定收入进账。而在实现财务自由后，他继续致力于众多不同课题的研究——从核聚变到牛奶灭菌系统，不一而足。法恩斯沃思还拥有**环形扫描雷达显示器**的专利，这种设备至今仍是现代空管系统的概念基础。

法恩斯沃思一生申请了大约 300 项专利，但唯有电视的发明最为成功。晚年的法恩斯沃思一贫如洗，情绪抑郁，整日酗酒。与 RCA 的诉讼令他倍感压力，这些问题从那时起已很明显。

1971 年，64 岁的菲洛·法恩斯沃思因肺炎去世。同年晚些时候，他的主要对手戴维·萨尔诺夫也离开人世，享年 80 岁。

很难判断萨尔诺夫究竟是真正的天才还是无情的商人，他一次又一次在正确的时间出现在正确的场合。但晚年的法恩斯沃思之所以身心崩溃，主要是因为 RCA 对他提起的无休止的诉讼，这一点应无异议。

虽然部分消息来源甚至质疑原始"无线电音乐盒"备忘录的真实性，但毫无疑问，RCA 在萨尔诺夫的领导下发展成第一家真正的广播集团。而对于将法恩斯沃思从历史记录中抹去，萨尔诺夫并无愧色：1956 年播出的 RCA 纪录片《电视的故事》只字未提法恩斯沃思。在这部纪录片中，"萨尔诺夫将军"① 与佐利金略显笨拙地称赞对方为电视背后的决策者，仅罗列 RCA 取得的成就作为"历史首次"。RCA 声称，萨尔诺夫在 1939 年纽约世界博览会上发表的演讲以及后续演示标志着电视时代的开始——尽管法恩斯沃思的电视实验系统在 5 年前就已问世。

如果企业巨头拥有资金充足的公共关系部门，就可能根据自己的好恶改写历史，RCA 创造性的叙事手法很好地诠释了这一点。

20 世纪 30 年代，刚刚经历无线电广播热潮的萨尔诺夫深知电视的巨大商业潜力，决心尽可能从中分一杯羹。RCA 从无线电广播业务中获利丰厚，萨尔诺夫希望将类似的成功复制到电视这一新媒体。

对 20 世纪三四十年代开始出现的各种摄像管技术而言，其基本原理与法恩斯沃思使用的方法并无不同，但当时尚无统一的方法将图像信息转换为电信号。对于如何在实践中实现视频传输技术，各国提出的早期方案千差万别。即便在美国，RCA 最初也针对不同的地理区域应用了不同的标准，这使得大规模部署电视实际上几无可能。

---

① 萨尔诺夫曾在 1945 年被授予美国陆军通信兵预备役准将军衔，因此外界习惯称他为"萨尔诺夫将军"。——译者注

为解决这个问题，RCA 最终耗资 5000 多万美元完善了黑白电视的图像采集、传输、显示流程与标准。这在当时堪称一笔巨款，略高于纽约帝国大厦的成本，几乎两倍于旧金山金门大桥的造价。

但这项工作必不可少：如果希望在全美取得成功，就需要制定一套通用的电视标准。1941 年，美国采用 525 行传输模式，随后爆发的珍珠港事件使所有电视技术的发展陷于停滞状态。

第二次世界大战结束后，制造商开始根据通用标准生产价格越来越低的兼容电视接收机，从而为消费者激增奠定了基础，这一幕与 20 年前的广播电台类似。广播的概念并未改变，但动态图像的魅力显著改善了用户的体验。

RCA 在摄像管领域所做的改进源自一个有趣的意外进展：诉讼开始前，法恩斯沃思向佐利金逐步演示了析像管的制造过程，希望 RCA 能资助他的研究。然而，佐利金将制造过程的详细说明通过电报发往 RCA 办公室。当佐利金回到实验室时，法恩斯沃思的析像管复制品已摆在面前。

因此，在专利诉讼如火如荼进行的同时，RCA 实验室调动了大量资源展开工作，而竞争对手主动向佐利金提供的信息令 RCA 受益匪浅。实验室源源不断开发出新一代摄像管，每一根都比前一根更清晰、更灵敏。但摄像管仍有很大的改进空间：早期产品对演播室的灯光亮度要求很高，加之摄像管无法很好地显示强色（比如红唇和白皙皮肤），导致节目主持人被迫以绿色和棕色的妆容示人，而主持人原本都是白人。

作为首位非洲裔美国新闻主播，马克斯·鲁宾逊一直在电视新闻中"只闻其声，不见其人"，10 年后他才在实况演播室的明亮聚光灯下找到自己的位置。1959 年，鲁宾逊曾在节目中故意露面，结果第二天就遭到解雇，但很快又被另一家电台聘用。鲁宾逊最终在摄像机前觅得一席之地：他于 1969 年加入目击新闻团队，成为一名大获成功的新闻主播。

自 1929 年以来，大西洋彼岸的英国广播公司一直忙于在伦敦市中心播出电视节目。就在这一年，法恩斯沃思的第一个全电子析像管投入使用。但英国广播公司使用的系统以苏格兰工程师约翰·洛吉·贝尔德（图 5-3）发明的机械装置为基础，贝尔德在 1926 年展示了一台功能齐全的尼普科夫圆盘设备。

图 5-3 约翰·洛吉·贝尔德（1888—1946）

图片来源：Wikimedia Commons

机械系统的分辨率非常有限：以贝尔德的第一套演示装置为例，每幅图像仅支持 5 条扫描线。在研究过区分人脸所需的分辨率后，他将扫描线的数量增加为 30 条。多年来，贝尔德一直致力于改进扫描机制，分辨率达到 240 条扫描线，这对机械系统而言已属极高。

贝尔德进行了大量电视实验。他不断调整系统以适应各种新情况，通过电话线成功实现了伦敦到格拉斯哥（后来甚至伦敦到纽约）的远距离传输。考虑到贝尔德的实验与法恩斯沃思正在开发的第一种全电子析像管几乎同时进行，所有这些进展都令人印象深刻。

这些系统配有快速旋转的沉重圆盘，不仅笨拙，噪声也很大。最糟糕的是，主动焦深与光照水平极为有限。英国广播公司在测试中发现，节目主持人的活动范围只能限制在大约 0.5 平方米的区域内，否则无法获得清晰的图像。

最初，贝尔德在无线电发射机的夜间停机时间进行公开的传输实验，但这台发射机无法同时传送视频和声音，导致节目中交替出现了没有声音的视频以及有声音的空白图像，情况异常尴尬。节目如同无声电影，只不过真实音频取代了文本帧。最终，英国广播公司对贝尔德的工作产生浓厚兴趣，为他配备了两台专用发射机，一台传输视频，另一台传输声音。贝尔德由此成为第一位在电视广播中实现视频和声音同步传输的发明家。

与贝尔德和法恩斯沃思有关的一则轶事是，这两位开拓者实际上在 1932 年就已相识。法恩斯沃思希望通过向贝尔德出售许可来筹集资金，以支付 RCA 诉讼的费用，但他不知道的是，贝尔德其实也不富裕。两人在会面时向对方展示了各自的系统，这令贝尔德十分担心，因为法恩斯沃思的电子式电视似乎遥遥领先于自己的机械式电视。面对即将失败的系统之争，为确保今后的工作能取得积极成果，贝尔德提议签署一项交叉许可协议。尽管伦敦之行未能如法恩斯沃思所愿带来经济收益，但他还是接受了这项协议。

随着电子式电视的不断发展，贝尔德的机械式电视颓势尽显：英国合资企业马可尼–EMI 电视公司获得了 RCA 的显像管技术专利，并邀请英国广播公司的专家观看全电子式电视的演示。因此，英国广播公司的发射机开始隔周交替运行贝尔德与马可尼–EMI 的系统，以期获得客户对两种系统质量的公平反馈，因为仅凭规格无法真正判断二者优劣。贝尔德的系统仅支持每帧 240 条扫描线，只能在演播室使用；而马可尼–EMI 的系统能提供清晰的 450 条扫描线，且具有电影般的深度感，贝尔德的系统根本无力与之竞争。反馈不仅来自观众，也来自演员，他们恳请制片人不要安排自己在"贝尔德周"出镜。

由于英国广播公司采用两种系统播出节目，贝尔德被迫调整自己的商用接收机，世界上第一种支持两种标准的电视贝尔德 T5 由此诞生。这种电视可以同时传输贝尔德与马可尼–EMI 的信号。

当德国也选择电子式电视后，机械式电视在未来的电视发展中显然已无立足之地。为了纪念首位获得电视技术专利的开拓者，德国第一家电视台被命名为保罗·尼普科夫电视台。

英国广播公司在 1936 年改用 EMI 电子摄像机，其质量不断提高。名为**超光电摄像管**的摄像机灵敏度极高，它于 1937 年 5 月首次应用在英王乔治六世加冕礼的户外直播。图 5-4 展示了 1939 年在美国华盛顿进行的户外电视转播的情景。

尽管系统之争的失利最初令贝尔德颇为沮丧，但他明白马可尼–EMI 确实凭实

图 5-4 1939 年，在美国华盛顿进行的户外电视转播
图片来源：Wikimedia Commons

力胜出。考虑到与法恩斯沃思达成的交叉许可协议，贝尔德也转向电子式电视的研究。而天道不测，造化弄人：1936 年 11 月 30 日，一场大火将伦敦的标志性建筑水晶宫夷为平地，贝尔德位于水晶宫的实验室以及最新的机械式样机也悉数被毁，重起炉灶因此变得更容易。火灾造成的损失并没有想象中那么严重，因为贝尔德在水晶宫的设备都已投保。

贝尔德在这一领域不断创新，1944 年，他展示了第一台功能齐全的彩色电视。他甚至还为 500 条扫描线的三维电视原型申请了专利。

第二次世界大战结束后，贝尔德提出一项宏大的计划——制造1000 条扫描线的彩色电视。他希望说服英国广播公司出资研制这种命名为 Telechrome 的系统。

就图像质量而言，Telechrome 堪与如今的**数字高清电视系统**相媲美。但它属于模拟系统，每个频道会占用大量带宽，从而限制了可用的电视频道总数。遗憾的是，英国的战后重建工作占用了大量可用资源，因此马可尼–EMI 的 405 条扫描线设备并未退出历史舞台。

所有电视节目在第二次世界大战期间停播，而当英国广播公司于1946 年恢复节目播出后，英国的电视销量出现曲棍球棒效应，仅上半年就售出 2 万台。对于在战后仍被视为奢侈品的电视来说，这一销量可谓惊人。美国的商业电视同样在战争期间停播，因为所有著名的电子产品制造商都转而为战争服务。

战争期间，法恩斯沃思创立的法恩斯沃思电视广播公司为美国陆军生产无线电设备。颇具讽刺意味的是，公司在这一时期的效益最好。

产品中包括一款型号为 BC-342-N 的高频收发器，后者发端于广泛使用的战场和航空无线电 BC-342，电压为 115 伏。尽管这笔利润丰厚的战时合同提供了充裕资金，但在战后美国电视制造业出现曲棍球棒效应之前，法恩斯沃思电视广播公司就已倒闭。

然而，法恩斯沃思的名字并未在战争结束后消失。凭借其可靠性和易用性，数千台剩余的 BC-342-N 在业余无线电爱好者手中再度焕发青春。

全世界之所以没有采用同一种电视标准，技术固然是一方面，国家保护主义也是原因之一。但对于以堆叠扫描线为基础的图像采集和显示来说，基本概念并无区别，只是扫描线数、每秒帧数等细节有所不同。正因为如此，电视机制造商得以提炼出弥合地区差异的要素，为生产真正适销对路的产品铺平道路——电视机所需的大多数部件是相同的，与目标市场无关。

部分电视制造商后来沿袭贝尔德 T5 的做法，销售能动态支持多种标准的产品。某些地区采用不同的广播制式，而支持多种标准的电视机为居住在这些地区的用户带来极大的便利。

就技术层面而言，各国的扫描线数和帧率之所以不同，是因为配电频率有所不同。例如，欧洲的交流电频率为 50 Hz，而美国和其他许多国家的交流电频率为 60 Hz。

人眼不够快，无法感知到某些类型的电灯（尤其是白炽灯）实际上会随着电力线频率的变化而变暗或变亮，不停地快速闪烁。而电视摄像机的扫描速度很快，完全能检测到这种变化，因此必须与配电频率保持同步。如果二者不匹配，那么电视屏幕会因**频闪效应**而出现较暗或较亮的移动条纹。为避免这种情况发生，交流电频率为 50 Hz 的国家可以选择每秒 25 帧的帧率，而交流电频率为 60 Hz 的国家可以选择每秒 30 帧的帧率。虽然采样率仅为交流电频率的一半，但相位始终与交流电周期保持一致。

由此产生的帧率（以及传输频道的可用带宽）从数学层面进一步限制了可以嵌入单个图像帧的扫描线数。

不同地理区域采用的电视标准种类繁多，其他可变因素包括传输信号中音视频的**频率分离**，以及最终使用的彩色信息编码技术，它是对现有黑白电视传输的改进。

其实，实在没有理由采用不同的交流电频率，这完全归因于市场之间的保护主义。20 世纪初，美国根据特斯拉的建议选择了 60 Hz，英国和德国则选择了 50 Hz，这导致相互进口电动机设备的难度大大增加。正因为如此，其他国家在建设电网时，仅仅注重哪种交流电频率的影响力更大。

1964 年，英国广播公司改用 625 行西欧标准，这是战后的又一次技术进步。尽管遵循相同的欧洲标准，但在电视传输信号的音频和视频之间，英国仍然选择采用不同的频率分离。

我从英国迁往芬兰时，也带上了购自英国的电视机，而这种小小的不兼容引出了一段有趣的故事。一位电工在我出门时来家安装屋顶电视天线，他花了很长时间调整系统，试图找出为何电视图像很清晰，却听不到声音。他认为天线放大器可能存在问题。

回家后，我向这位电工解释了这种神秘现象的原因，他才如释重负。只要使用支持多种标准的录像机作为前端调谐器，通过 SCART 连接器（一种高品质模拟视频的欧洲标准连接器）将电视转换为监控模式，就轻松解决了这个问题。

在成熟的大众市场环境中实施基础系统升级时，尽可能保持**向后兼容性**十分重要。在调频收音机中加入立体声的过程很好地诠释了这一点。过渡到彩色电视传输时需要采用类似的方式，市场上正在销售的电视机才不至于被淘汰。

就本质而言，黑白电视信号中已有的扫描线包含每条扫描线的**亮度**信息，因此只需将**色度**信息以某种方式加入现有的视频信号即可。为此，需要在传输信号中插入高频**彩色同步信号**（位于两条扫描线的传输之间）。黑白电视机在这段时间里不会接收任何信息，因此实际上会忽略彩色同步信号。而新型彩色电视接收机可以提取出这一额外的色度信息，将其加入接收扫描线的亮度信息，然后继续以全色显示扫描线。

由于扫描线的亮度和色度信息不一定同时到达接收机，所以很难利用当时的模拟电路来实现信息之间的重新同步。但对现有的数百万台黑白电视机而言，这是最合适的解决方案。

当无法从根本上改变广泛使用的现有系统时，不妨借鉴加入立体声和彩色视频的处理方案：人们依靠聪明才智找到了既能保持向后兼容性、又不会破坏现有客户群的折中办法。

在模拟彩色系统方面，美国率先提出嵌入式彩色同步信号的设想，作为 525 行黑白美国国家电视系统委员会（NTSC）制式的扩展。为避免彩色同步信号干扰亮度信息，美国将帧率从每秒 30 帧调整为每秒 29.97 帧。

NTSC 制式使用简单的第一代颜色编码方案，但在某些接收条件下可能会出现颜色失真问题。正因为如此，NTSC 的缩写幽默地被外界赋予了新的含义："颜色从来不同"[2]。颜色失真主要由**多径传播干扰**所致，多径传播会导致接收信号直接或经由附近物体的反射到达接收天线。

NTSC 制式固有的局限性催生出逐行倒相（PAL）制式，西欧与巴西在 20 世纪 60 年代末采用该制式。但由于巴西的电力线频率为 60 Hz，因此不得不对每秒 30 帧的帧率略作调整。PAL 制式正如其名，通过使每行扫描线的彩色脉冲信号与上一行倒相，可以有效消除接收信号中存在的任何相位误差，从而提供稳定的颜色质量。

法国开发的顺序传送彩色与存储（SECAM）是第三种主要制式，为法国以及法国的许多前殖民地和海外属地所采用。苏联也选中了 SECAM 制式。

因此，居住在"铁幕"边界的观众仍然可以收到邻近的电视节目。但除非电视机支持多种标准，否则只能看到没有声音的黑白图像。PAL-SECAM 制式转换设备成为当时民主德国最畅销的电子升级产品之一也就不足为奇了，因为人们认为联邦德国的电视节目比民主德国的更有意思。最终，民主德国制造的电视机甚至也内置了兼容 PAL 制

---

② NTSC 的全称是 National Television System Committee，而"颜色从来不同"的英文是 Never Twice the Same Color。——译者注

式的功能。

这种由人为造成的东西方技术鸿沟并未影响所有地区。例如，阿尔巴尼亚和罗马尼亚采用了 PAL 制式；而希腊尽管最初选择 SECAM 制式，但在 1992 年转向 PAL 制式。

彩色电视问世后，技术标准的数量显著增加。1961 年，国际电信联盟正式发布经过核准的模拟电视标准，包括 15 种略有差异的版本可供选择。

当人类最终步入地面数字电视时代时，仍然存在 4 种不同的地面传输标准。日本、欧洲、美国、南美都决定采用不同的制式——部分原因在于技术水平，部分原因在于纯粹的保护主义。好在模拟电视标准的数量已从 15 种减少为 4 种，过去 50 年来已有明显进步。

随着数字电视在全球范围内的普及，各种模拟电视标准正在慢慢消失，最终将退出历史舞台。图像质量的改进始于索尼公司开发的 1125 行模拟**高清视频系统**，它于 20 世纪 80 年代末在日本问世。

得益于廉价的超高速数字信号处理技术，加之计算能力提升，目前可以将视频和音频内容压缩为数字数据流，这比采用模拟格式传输相同内容所需的带宽要少得多。无论仅显示黑屏还是动作密集的场景，所有模拟电视传输都会持续占用全部可用的频道带宽。

相比之下，数字电视传输结构有赖于接收机的本地图像存储器，本质上只是传输各个帧之间的细微差异。换言之，在任何给定时间内，传输视频所需的带宽在很大程度上取决于正在播放的内容。在最苛刻的场景变化中，图像质量的上限由最大可用带宽决定：显示动作密集的场景（如爆炸或剧烈的摄像机运动）时，极短时间内可以看到明显的**像素化错误**。

由于数字格式的数据可塑性极强，不仅可以选择所需的频道分辨率，还能将多个数字频道绑定为一个数据流，这堪称又一项重大技术进步。因此，一台电视发射机可以在一个广播信号中同时广播多个频道，接收端再将它们还原到不同的频道。

数字频道所需的带宽较少，可以利用这一点将 4 个频道绑定在一起，然后关闭 3 台发射机，而信道数量与之前并无区别。这 4 个频道实际上通过单个数据流进行传输，不过最终用户对此一无所知。

这种方案有几个优点。首先，耗电量将显著降低，因为电视发射机往往需要数十甚至数百千瓦的功率，且通常全天候运行。其次，发射机和天线塔的维护成本很高。如果将多个频道绑定到一个广播信号中传输，就能显著减少硬件设备的数量。

最重要的是，这种方案能节省宝贵的无线电频谱以作他用。这些空闲频谱实际上是价值极高的无线资源。

如果只关闭两台发射机，在此过程中将其他两台发射机更换为四信道数字发射机，那么不仅能节省大量带宽和运营成本，可供使用的信道数量也将翻番。网络提供商可以将这些额外的信道租给出价最高者以增加收入。

与传统的模拟传输相比，数字传输的音频和视频质量更加稳定，迁移到数字传输的另一个优点就在于此：只要接收条件足够好，那么影响音频和视频质量的唯一因素是分配给信道的最大带宽。

但数字化同样有其负面影响。一般来说，接收过程中出现的任何问题比模拟电视更令人恼火：由于数字视频信号主要处理各个帧之间的差异，接收信号中断将导致大块图像失真或冻结几秒钟，并伴有恼人和刺耳的金属声。这些问题在移动接收条件下最为明显。而对固定的地面电视系统以及有线或卫星电视来说，只要接收信号强度高于某个阈值，收到的图像和音频质量理论上就能保持不错的水平。

转向数字电视的另一个原因在于无法与旧有的模拟电视传输保持兼容，因此这堪称真正的划时代变化。所有新型数字电视接收机仍然配有处理模拟传输的电路系统，但随着发射机从模拟模式切换到数字模式，旧有的模拟电视接收机最终将销声匿迹。

数字电视的质量更高、所需带宽更少，卫星电视在 21 世纪初率先实现数字化。如果将尽可能多的频道绑定到一个微波束中并通过卫星传输，就能显著降低成本。在卫星电视服务提供商看来，数字传输的高质量对于和有线电视服务提供商竞争至关重要。

为接收卫星电视节目，必须使用特殊的接收机，因此可以通过添加必要的电子设备将数字信号转换为模拟信号。消费者只要将电视机设置为监控模式，就能继续使用现有的电视机。

空间基础设施的建设成本是推动卫星电视数字化的主要动力：制造的卫星越轻，送入轨道的成本越低，因此应尽量减少重型微波天线和并行发射机的数量。电子设备越少，意味着卫星设计寿命内发生故障的部件越少。波束越少，意味着可以使用更轻的太阳能电池板为卫星供电，从而降低卫星的整体重量并降低复杂性。

　　构建卫星分布系统时，广播卫星的研制和发射是目前成本最高的环节。通过增加若干昂贵的尖端数字电路系统来减少波束数量，实际上能降低卫星发射的总成本。

　　而在接收方，由于用户往往与卫星电视提供商签有长期合约，因此卫星接收机数字化的额外成本可以通过每月订阅服务分几年时间收回。

　　虽然有线电视系统与无线通信无关，但它在广播电视革命中占有重要地位。覆盖大多数城市地区的有线电视系统包括数百个频道，通过电缆传输的信号实际上使用独立的无线电频谱。对屏蔽的电缆环境而言，一个优点是无须考虑其他发射机或监管限制，因为在电缆这个完全封闭的狭小空间内，有线电视公司掌握所有频率，可以根据需要进行分配。

　　这种方式甚至可以用于双向通信。除传统的有线电视节目外，有线电视公司目前广泛采用这种方式提供互联网接入与固定电话服务。

　　有线电视的频道数量现已增至数百个，因此数字化是满足日益增长的容量需求以及提高图像质量的唯一途径。与卫星电视提供商一样，许多有线电视公司仍然通过单独的机顶盒（将信号转换为模拟格式）提供节目订阅服务。这种方式有助于过渡到数字传输，因为用户无须升级电视机就能收看数字化节目。

　　如今，电视内容分发正在全面数字化，使用互联网作为分发媒介：用户选择感兴趣的数字化视频流，然后像其他基于互联网的数据一样观看这些内容。

拜互联网所赐，奈飞、亚马逊、Hulu 等全新的**点播服务**提供商得以进入原先成本极高的广播市场。如今，这些新的参与者不仅威胁到庞大的卫星电视业务，也威胁到传统的有线电视业务。基于互联网的分发方式正处于大规模增长阶段，那些尚未积极参与其中的提供商很可能会在最新一轮的技术转变中面临重大挑战，而主动出击的企业提出混合解决方案也不足为奇。例如，著名的卫星电视提供商天空公司宣布，从 2018 年开始通过互联网在欧洲范围内提供完整的订阅电视套餐。

互联网提供了新颖的访问模式，老式的录像机也因此开始拥抱虚拟化。网络提供商的数字存储系统不断记录所有频道的内容，用户可以随时返回，从共享的单一存储系统中访问数字化媒体。

这种**时移能力**以及点播服务提供商的崛起，正在打破传统的电视消费模式。除体育赛事直播、突发新闻等具有明确和内在即时价值的媒体内容外，用户如今可以自由选择媒体消费时间，并越来越多地选择媒体消费地点。

时移技术也提供了跳过广告的选项，非订阅服务提供商因而受到很大威胁。订阅服务正处于蓬勃发展的阶段，因为用户乐于每月花费几美元从媒体消费时间中剔除恼人的广告时段。

但无论采用何种方式传输节目，电视彻底改变了人们在闲暇时的生活方式。看电视的时间逐年增长，如今已成为生活的主要内容：2014 年，美国人均每天看电视的时间达到 4.7 小时，超过其他所有国家。

如果扣除睡觉、吃饭与工作时间，那么留给其他活动的时间所剩无几。直到近几年，人们的注意力才逐渐转向互联网。

电视的诱惑源于人类是视觉动物这一事实：多达 40% 的人类大脑皮层表面积专门用于处理视觉信息。之所以如此，是因为远古人类要想生存，必须能在潜在的捕食者靠近并吃掉自己前发现它们。人类的感知能力由于进化而得到优化，不会错过视野范围内哪怕最细微的动作。正因为如此，打开的电视机总能吸引我们的注意。这是人类大脑的"内置"功能，很难抗拒。

电视令人沉迷，它是迄今为止无线电波应用给人类生活带来的最大改变——

图 5-5 1932 年，医生通过电视对患者进行远程诊断
图片来源：Wikimedia Commons

在手机出现前都是如此。图 5-5 展示了 1932 年，医生通过电视对患者进行远程诊断的情景。

随着技术的进步，人们可以利用有限的无线电频谱传输更多信息。得益于固态电子器件的发展，摄像机的传感器元件不再需要使用真空管与电子束来提取图像帧。接收端同样如此：模拟时代笨重的阴极射线管屏幕已成明日黄花，取而代之的是以**发光二极管**和**液晶显示**为基础的平面屏幕。

近年来的发展不曾抹去这样一个事实：我们在电视上看到的一切，都源于菲洛·法恩斯沃思及其同行者的努力工作和聪明才智，他们的方案建立在海因里希·赫兹、詹姆斯·克拉克·麦克斯韦、古列尔莫·马可尼、尼古拉·特斯拉等许多伟人的发明和理论之上。

这种不断改进并拓展前人成果的能力是人类最出色的能力之一，至今仍然推动无线电波向前发展。但正如特斯拉在无线革命初期利用遥控模型船所展示的那样，这些无形的电波不仅能向用户传输音频和视频，也完全可以另作他用。

大多数人从未留意无线技术最突出的一种应用。拜这种应用所赐，数百万乘坐飞机出行的旅客无论风雨，每天都能安全地从一处飞往另一处。接下来，我们将目光投向空中公路。

A Brief History of Everything Wireless

06
空中公路

HOW
INVISIBLE WAVES
HAVE CHANGED
THE WORLD

据当时的媒体报道，截至 1937 年，有"空中女王"之称的阿梅莉亚·埃尔哈特（图 6-1）已经创造了多项历史第一。她不仅是第一位两次（而非一次）驾机独自飞越大西洋的女性，而且保持着女飞行员的飞行高度纪录。

图 6-1 "空中女王"阿梅莉亚·埃尔哈特和她的"伊莱克特拉"号飞机

图片来源：Wikimedia Commons

埃尔哈特的下一个目标是成为首位完成环球飞行的女性，但飞机出现的技术问题导致她不得不立即中止计划。她在飞机修复后重新踏上征程，这次的起点和终点是美国加利福尼亚州奥克兰。

1937 年 7 月 2 日，经过大约一个半月的飞行与 29 次中途停留后，埃尔哈特在新几内亚莱城的一座小型机场将自己那架亮眼的洛克希德 10 型"伊莱克特拉"双引擎飞机加满汽油，准备开始环球飞行中最危险的一段旅程。在抵达奥克兰之前，埃尔哈特只剩下最后三段航程。

　　弗雷德·努南是唯一的机组人员。在艰苦的环球飞行中，这位出色的领航员是埃尔哈特的得力助手。两人花费 42 天时间到达莱城，接下来的飞行预计将首次穿越广袤无垠的太平洋——从莱城到豪兰岛（一座 2 千米长、0.5 千米宽的珊瑚礁）的距离超过 4000 千米，需要飞行 18 小时。

　　太平洋的面积无法确定，它几乎占据地球表面的 30% 多。从太空观察，浩瀚的蓝色太平洋覆盖了几乎整个地球，只有几块小小的陆地点缀其间。

　　时至今日，太平洋的许多岛屿依然没有机场，每个月（甚至更久）也只有一班客轮经过。太平洋上某些偏远的岛屿无疑是远离尘世喧嚣的不二之选。

　　自从约翰·哈里森解决测定经度的问题后，这种方法已沿用 200 多年，1937 年的跨海导航技术即以此为基础：通过六分仪与精确的时钟测出太阳、月亮或星星的位置，以确定当前位于何处。根据这些观测结果可以计算出预期的罗艏向 [1]，通过查看波向并依靠目标地区现有的稀疏天气报告来尽可能补偿盛行风 [2]。

　　飞机在飞越辽阔的海洋时采用完全相同的方法，所以努南不仅是领航员，也是合格的船长，这一点不足为奇。不久前，努南曾参与创建泛美航空水上飞机的跨太平洋航线，因此应对这样的挑战对他来说并不陌生。

_____

① 罗艏向是以罗北（磁罗经零刻度线所指的方向）为基准计量的艏向。——译者注
② 盛行风是一个地区某一时段出现频率最高的风，主要受到大气环流条件和地貌的影响。——译者注

但"伊莱克特拉"并非水上飞机，必须在飞行结束时寻找跑道降落，而豪兰岛是航程内唯一建有跑道的岛屿。

经过长时间飞行后降落在面积很小的豪兰岛绝非易事，因为沿途仅有几座岛屿可供核实飞机的实际位置。为此，埃尔哈特决定寻求美国海岸警卫队"艾塔斯卡"号的帮助。这艘巡逻艇配有新型无线电定位技术，当时停靠在豪兰岛。"艾塔斯卡"号的无线电发射机将提供定位波束，引导"伊莱克特拉"抵达目的地。

从莱城起飞前，"伊莱克特拉"刚刚安装了全新的**测向接收机**。如果在公海上空长时间飞行后出现导航误差，这种中程导航设备应该能提供后备手段。

"艾塔斯卡"号同样配有测向设备，可以为抵达的"伊莱克特拉"提供方位数据，并将经过修正的导航信息转发给埃尔哈特。

长途飞行后仅有少数几座岛屿能提供可靠的方位信息，这种情况不可避免，因此经过 18 小时的飞行后准确降落在豪兰岛几无可能。有鉴于此，寻求无线电导航的帮助无疑是最佳选择。

无线电测向仪（RDF）系统的原理并不复杂：地球上某个已知位置的固定无线电发射机发送低频信号，接收机使用旋转的环形天线确定传入信号的方向。环形天线边缘收到的信号在环形天线的垂直位置相互抵消，从而能观察到信号强度明显下降。通过读取这个"零位"的天线角度，就可以确定发射台的相对方位，并相应调整飞机航向。

RDF 系统甚至不需要专用发射机，因为任何以兼容频率传输数据的无线电发射机都能充当 RDF 发射机。第二次世界大战结束后，随着配备 RDF 接收机的飞机越来越多，高功率广播发射机经常用作 RDF 发射机。此外，机组人员还能通过广播发射机收听音乐和其他娱乐节目。

但在 1937 年的太平洋深处，唯一可供使用的发射机是美国海岸警卫队"艾塔斯卡"号的船载发射机。果不其然，在预计到达时间前后，"艾塔斯卡"号收到"伊莱克特拉"不断增强的音频传输信号。

由于阴云密布，能见度很低，埃尔哈特请求"艾塔斯卡"号的船员根据自己发送的音频通信确定飞机方位。但她显然没有意识到，"艾塔斯卡"号配备的 RDF 接收机不支持"伊莱克特拉"使用的有源音频传输频率——埃尔哈特无疑不太熟悉这项新技术。尽管从"艾塔斯卡"号最后收到的信号强度可以明显推断出"伊莱克特拉"确实已接近预定目标，不过双方一直未能实现双向通信，原因至今不明。埃尔哈特甚至承认最后曾收到"艾塔斯卡"号发送的 RDF 信标信号，但被告知无法通过信标信号确定飞机方位，且没有详细说明原因。

7月2日早晨8时43分，"艾塔斯卡"号最后一次收到"伊莱克特拉"的信息。根据飞行位置和方向可知，"伊莱克特拉"当时的飞行高度极低，燃油所剩无几，正在试图寻找任何陆地降落。最后，"艾塔斯卡"号只得利用船上的锅炉升起滚滚浓烟，期望埃尔哈特可以看到，但再未收到飞机的信号。

"伊莱克特拉"消失不见，似乎踪迹全无。

美国海军在附近海域展开大规模搜索，但没有发现飞机或机组人员的任何踪迹。"伊莱克特拉"的最终位置及其机组人员的命运至今仍是未解之谜，搜寻机组人员遗骸与飞机残骸的努力不时成为头条新闻。曾有媒体报道称在附近的环礁发现骸骨，但截至本书写作时，尚未有任何消息证实这些骸骨的确属于埃尔哈特或努南。在"伊莱克特拉"失踪两年后，官方宣布两名机组人员死亡。

关于飞机失事的调查揭示出几个潜在问题。首选，天气状况很糟糕。在当时的气象条件下，区分小岛轮廓与积云 ③ 阴影难如登天。其次，飞机偏离豪兰岛的假定位置大约 9 千米。从航空角度来看，这段距离不算远，但足以令"伊莱克特拉"在接近目标的最后时刻偏离航线，无法在低能见度条件下发现薄雾笼罩的豪兰岛。这种误差可能导致"伊莱克特拉"飞过目的地，最后在豪兰岛附近的开阔水域上空盘旋。而埃尔哈特犯下的最大错误，或许是没有练习如何使用新安装的 RDF 设备。从莱城起飞前，她只是简单了解过这种系统。

无论埃尔哈特的想法如何，在她看来，RDF 系统不过是一种后备手段："伊莱克特拉"借助传统的导航技术已飞越大半个地球，之前的成功或许令埃尔哈特产生了盲目的自信。

然而，莱城到豪兰岛是环球飞行中最复杂、最棘手的一段航程，容不得半点闪失。事后看来，如果埃尔哈特多花些时间熟悉这项新技术，很容易就能避免悲剧发生。

由此揭示出一条重要原则，适用于我们拥有的任何最新、最耀眼的导航设备：如果不了解如何使用，即便是最好的设备也毫无价值；

---

③ 积云是顶部凸起、底部平坦的直展云，积云产生的高度取决于热空气团的湿度。——译者注

而在导航设备发生故障时，应始终保持大致的位置感，从而借助其他导航手段抵达目的地。后备方案在任何情况下都必不可少。

可怕的故事近年来层出不穷：盲目相信导航设备有时导致偏离预定目标数百千米，甚至仅仅因为地图数据不准确或目的地选择有误而陷入命悬一线的境地。如果埃尔哈特拥有如今极易使用的导航设备，就不难发现当时犯下的错误。

"伊莱克特拉"安装的 RDF 系统经过多次改进。这种辅助设备的精度在一定程度上取决于环形天线的尺寸，后者又受限于飞机的实际大小以及外部天线在飞行过程中产生的额外阻力。

正因为如此，早期系统采用反向配置：发送端环形天线以固定速度旋转，与时钟保持同步，而接收端可以通过检测最低信号电平所需的时间来确定方位。

1907 年至 1918 年，这种技术首次用于德国齐柏林飞艇的导航，尤其是在第一次世界大战轰炸英国伦敦期间。RDF 系统的实用性非常有限，电子学的发展最终催生出目前普遍使用的甚高频全向信标（VOR）系统。VOR 系统不只是发送归航信标，它还能确定用户相对于当前 VOR 发射机的特定径向方位。

径向信息以 1 度分辨率发送，通过改变信号相位与传输角的关系嵌入，发射机或接收机因而无须做机械移动。接收机只需从接收信号中提取相位信息，即可检测出相对于 VOR 发射机固定位置的当前径向方位。

通过从两个独立的 VOR 台获取径向方位并在航空图上绘制出相应的径向线，就能实现精确定位。两个径向在图中相交的点即为当前位置。

部分 VOR 台甚至还配有**测距仪**（DME）。飞机可以利用测距仪计算出斜距（飞机与地面天线之间的直线距离），从而仅通过单个 VOR 台实现精确定位。

测距仪与二次雷达的原理基本相同，不过飞机与应答机的作用正好相反：飞机进行轮询，而地面站响应查询信号。接下来，机载接收机通过计算查询与响应之间的运行时间来确定斜距。

测距仪的历史可以追溯到 20 世纪 50 年代初，在澳大利亚联邦科学与工业研究组织无线电物理学部门工作的詹姆斯·热朗发明了第一种实用系统。测距仪成为国际民用航空组织标准，采用与军用版**战术空中导航系统**相同的原理。

1946 年，美国率先采用 VOR 技术，这项技术至今仍是航空导航的基础：**航路点**（如机场、VOR 台、两个固定径向之间的已知交叉点）之间的虚拟线路形成航路，在全世界的天空中纵横交错。飞行计划是这些航路点的集合，以预先确定的方式连接各个机场。这些航路构成多架飞机共用的空中公路，空中交通管制负责划分高度或水平距离。

在最终进近 [④] 各大机场时，还要使用另一种名为**仪表着陆系统**（ILS）的无线电系统，其历史甚至早于 VOR：美国从 1929 年开始测试仪表着陆系统，德国柏林—滕珀尔霍夫机场在 1932 年启用了首套工

----

④ 进近是飞机下降时对准跑道飞行的过程。——译者注

作装置。

仪表着陆系统能生成"虚拟"的**下滑道**，这种强方向性的无线电信号具有很小的垂直角（通常为 3 度），可以在水平和垂直方向指示跑道起点。飞行员既可以手动查看下滑指示器来跟踪下滑信标，也可以依靠自动驾驶仪跟随看不见的电子"下坡"接近跑道。

这种系统能使飞机在能见度为零的情况下进近机场，以便飞行员在到达指定的决断高度前接近跑道，最终发现跑道灯。如果此时无法目视看到跑道灯，则飞行员必须执行**复飞**操作：要么将飞机拉起，返回最初获取下滑道的位置再试一次；要么放弃在当前机场降落，飞往附近另一座天气状况更好的机场。

对符合**三类 C 标准**的仪表着陆系统而言，具有匹配自动着陆功能的自动驾驶仪可以在零能见度条件下完成着陆，无须飞行员介入。1964 年，英国贝德福德机场实现了历史上首次自动着陆。大多数现代客机的自动驾驶系统都具备自动着陆功能。为保持系统的有效性，无论天气状况如何，每 30 天至少要使用一次自动着陆功能，因此经常乘坐飞机的旅客很可能在某些时候经历过自动着陆。风靡全球的最新无线电导航辅助手段是卫星导航系统。

1983 年 9 月 1 日晚，大韩航空 007 号班机准备从美国阿拉斯加安克雷奇穿越北太平洋，经日本东京飞往韩国汉城。遗憾的是，卫星导航系统当时尚未出现。

记录显示，007 号班机已向空中交通管制中心申报飞行计划并获得批准。这意味着基于标准 R-20 航路的跨海飞行计划无须修改，且飞行员应该已将该航路输入飞机的**惯性导航系统**（INS）。

007 号班机并非首次使用这条标准的 R-20 航路。对经验丰富的韩国机组人员而言，一切应该只是例行公事。

惯性导航系统的内部数据库储存有包含全球数千个航路点的坐标图，可以仅通过**内部陀螺仪**与**加速度计**的输入来引导飞机的自动驾驶仪，不必依靠其他导航系统。惯性导航系统只需检测飞机在所有 3 个维度上的实际运动，并根据这些输入不断计算出预期位置。这项技术最初设计用来协助航天器导航，源于第二次世界大战期间令人生畏的德国 V-2 火箭。20 世纪 50 年代末，惯性导航系统进入航空领域，致力于在没有无线电导航设施的区域（如茫茫大海）提供导航服务，而007 号班机即将开始漫长的跨海飞行。

007 号班机起飞后，空中交通管制中心根据当前的飞行计划为其分配了大致航向，并要求客机在经过阿拉斯加海岸线附近的 BETHEL VOR 台时进行报告。

飞行员将指定航向输入自动驾驶仪，但显然从未将自动驾驶仪切换为惯性导航系统制导模式。不过最初的大致航向与正确航向非常接近，机组人员肯定对飞行方向没有异议。

007 号班机在起飞 20 分钟后按规定向 BETHEL VOR 台报告，飞行计划中的第二个航路点 NABIE 被确认为下一个预期的强制性报告点。但机组人员与安克雷奇的空中交通管制员都没有注意到，007 号班机实际已在 BETHEL VOR 台以北约 20 千米处飞行，之后继续稍微偏离航线，沿着更北的航线飞去。由于航向错误，007 号班机并未经过 NABIE 航路点。

尽管如此，机组人员仍然按规定进行强制性无线电报告，声称将通过 NABIE 航路点。尚不清楚飞行员如何得出最终到达 NABIE 航路点的结论，但他们显然从飞行之初就没有完全了解实际的飞行情况。

安克雷奇的空中交通管制中心没有回复 007 号班机在 NABIE 航路点的位置无线电呼叫，这是情况异常的第一个迹象。为此，007 号班机请求大韩航空的另一架客机转发自己的位置报告信息——015 号班机在 007 号班机起飞大约 15 分钟后离开安克雷奇，当时正在监听相同的空中交通管制频率。

大气无线电干扰在北半球高纬度地区并非完全罕见，007 号班机之前可能也曾遇到过远距离通信方面的故障，所以机组人员未必认为这是什么大问题。

由于未能发现航向偏离，007 号班机在 3 个半小时后已偏离航线 300 千米，进入苏联领空并飞越堪察加半岛，最终穿过彼得罗巴甫洛夫斯克（面向美国西北海岸的苏联城市）北部。在能见度良好的情况下，本应飞越公海的航线下方却出现了城市灯光，这无疑是个警示信号。但 007 号班机当时位于厚重的云层之上，云层遮住了下方的所有光线。

最为不幸的是，这一切都发生在冷战高峰期，而彼得罗巴甫洛夫斯克是苏联多处绝密军事基地与机场所在地。这些军事设施旨在监视美国，并在美国对苏联展开军事行动时充当第一道防线。

苏联国土防空军的记录显示，军方在第一时间就注意到这一"侵犯领空"的行为。作为回应，几架苏军战斗机紧急起飞，很快接近飞越堪察加半岛全境、即将再次进入国际领空的 007 号班机。那是一个漆黑多云的夜晚，苏军战斗机飞行员在积极讨论这架飞机是否可能属于民用飞机，但未能辨认出它的型号。

尽管苏军飞行员无法确定飞机型号，并怀疑它可能并非军事目标，但地面控制人员指示他们将其击落——毕竟美国空军早前曾在这一地区的军事设施上空进行过多次侦察飞行，未能对这些事件做出响应的苏军指挥官已被解职。

几乎在苏联下令击落 007 号班机的同时，毫不知情的机组人员联系东京航空交通管制部，请求爬升到飞行高度层 350（FL350）⑤以减少燃油消耗，这是燃油消耗使飞机重量减轻到一定程度后的标准程序。

007 号班机的高度变更请求得到批准。当它开始爬升时，其相对水平速度突然降低，因而被尾随其后的苏军战斗机超过。苏军飞行员认为这种相对速度的随机变化属于规避机动，他们更加坚信这架飞机确实在执行军事侦察任务，而且完全知道自己已被跟踪。

苏军战斗机再次追上这一庞然大物。在 007 号班机发出无线电信号告知已到达指定的 FL350 后 3 分钟，它被两枚空空导弹击中。

007 号班机急速失压，4 个液压系统中的 3 个受损。客机继续盘旋了 12 分钟，最后坠入莫涅龙岛附近的大海。随后，苏联方面进行了

----

⑤ 飞行高度层（FL）又称空层，是航空器在标准大气压下的高度。FL350 表示 3.5 万英尺。——译者注

打捞作业（图 6-2）。

飞行员的一个小
小失误导致 269 名乘
客与机组人员全部遇
难，而使用商业客机
配备的其他导航手段
多方核对航线本可以
避免悲剧发生。许多

图 6-2 苏联方面对大韩航空 007 号航班进行打捞作业

直接手段和间接手段都能核实 007 号班机的位置，但飞行员显然认为
航线"令人满意"。他们之前曾多次执行同一航线的飞行任务，最终
对自己所犯的错误浑然不觉。

就在这一悲剧事件发生两周后，美国总统罗纳德·里根宣布将向
民用领域免费开放全球定位系统（GPS）。这种新的卫星导航系统当
时正处于建设阶段，主要为美国军方服务。

GPS 的历史可以追溯到美苏两国的**太空竞赛**之初。1957 年，苏联
成功发射第一颗人造卫星"斯普特尼克一号"，所有监听 20.005 MHz
频率的用户都能收到它持续发出的"哔哔"声，这颗卫星以傲人的姿
态出现在世人面前。

美国约翰·霍普金斯大学的两位物理学家威廉·古伊尔与乔治·维
芬巴赫研究了卫星相对于固定接收机的相对速度引起的频移。受到**多
普勒效应**的影响，当发射机靠近用户时，接收频率将高于预期频率；
而当发射机远离用户时，接收频率将低于预期频率。根据观测到的动
态变化的频移，古伊尔与维芬巴赫设法建立了一个数学模型，可以用

来计算"斯普特尼克一号"的精确轨道。

经过进一步研究，两人意识到上述过程反过来同样可行：如果掌握卫星的轨道以及传输所用的确切频率，就能利用相同的数学模型，根据观测到的动态变化的频移计算出用户在地球上的位置。GPS 即以此为基础。

美国国防部在 20 世纪 70 年代初启动 GPS 项目，并于 1978 年将第一颗卫星送入轨道。尽管 GPS 最初旨在为军方服务，但根据一直以来的规定，项目后期如有必要，也可以提供民用信号。

而在军事层面，获取全球任何地区的精确定位信息对"北极星"潜射核导弹至关重要。如果发射地点不够精确，就无法为导弹提供正确的弹道数据，导弹可能偏离预定目标数十甚至数百千米。毕竟，核导弹的命中精度绝非儿戏。

推动 GPS 发展的另一个因素是采用更好的系统替换已存在多年的"罗兰"系统，这种路基导航系统自第二次世界大战以来一直在使用。"罗兰"系统的定位精度约为数百米，而军用 GPS 信号的定位精度有望达到数米。

"罗兰"系统的最终版本被称为"罗兰 C"，旨在服务于军事航空和舰船导航。但随着接收机的小型化，加之从真空管到晶体管的技术转换，"罗兰 C"向民用领域开放。20 世纪 70 年代，许多商用和私人飞机甚至也安装了这种导航系统。

所有版本的"罗兰"系统都存在一个问题，那就是路基发射机使用低频传输数据，而这些频率对电离层条件极为敏感，导致"罗兰"系统的精度会随天气和时间的不同而发生很大变化。

应时任美国总统里根的要求，GPS 最终向民用领域开放，但这种系统仍然采用两种不同的模式：一种是服务于军用领域的高精度信号，另一种是服务于民用领域、精度有意降低的**选择可用性**信号。这种信号的精度经过随机降低处理，因此有时会偏离目标 100 米。

尽管如此，GPS 的应用仍然迅速普及开来。这是因为即便不那么精确的位置信息也远远优于同等成本下获得的其他位置信息，而且 GPS 接收机具备便携性。

时任美国总统比尔·克林顿于 1996 年签署行政命令，授权解除针对民用 GPS 信号的有意干扰。这一举措最终推动了 GPS 的发展，系统潜力得到充分释放。从 2000 年 5 月开始，无须任何额外费用或软件更新，全世界所有 GPS 接收机的精度均提高 10 倍以上。

在这一根本性变化出现的同时，电子学的发展也催生出极具成本效益的 GPS 接收机，导航设备的应用开始激增。如今，GPS 接收机可以集成在几乎所有设备中，即便最便宜的智能手机也提供内置导航功能。

GPS 是一种复杂的系统，包括 31 颗现役卫星与若干发生故障时可以随时替换的备用卫星，以及持续更新卫星状态并监控其性能的地面站。任何时间、任何地点都能观测到至少 4 颗卫星。通过监听这些卫星的编码微波传输，并参照指定预期轨道的可用数据，就能计算出用户在全球任何地点的位置信息。接收到的卫星信号越多，精度就越高，可以达到数米。

这一看似简单的原理要经过若干极其复杂的数学计算，多颗卫星的三维"信号圆球"相互匹配以实现精确定位。数学与无线电波的结合催生出某种无形的魔法，令驾车的用户意识到刚刚错过了两地之间一个关键的转弯。

最昂贵的 GPS 部件安装在卫星上，包括精度极高的原子钟，它能提供计算所需的纳秒级分辨率定时信息。将最复杂的系统组件嵌入配套的基础设施，使得造价仅有几美元的微芯片也能安装 GPS 接收机。因此，几乎所有可以移动的设备都能以很低的成本加入精确的位置检测功能。

GPS 从 1978 年开始运行，目前这一代 GPS 的首颗卫星于 1989 年发射。在**广域增强系统**（WAAS）卫星入轨后，GPS 现在已非常精确。WAAS 卫星发送额外的校正信息，有助于抵消由随机电离层扰动引起的动态信号接收误差。

基本的 GPS 接收机存在固有的局限性：当接收机关机并移动到新位置时，为重新校准自身，接收机必须首先扫描所用频率以确定可以接收到哪些卫星的信号，然后下载必要的卫星位置表、星历与 GPS 历书，以便计算位置。这些数据属于接收信号的一部分，不断从卫星传输至 GPS 接收机。但由于数据速率仅有 50 比特每秒，接收机可能需要 12.5 分钟才能再次确定其位置，并向用户提供稳定的位置数据。

如果 GPS 接收机能以更快的速度加载卫星位置数据表，就可以消除上述时延，在最短时间内获知应该在哪些信道监听哪些卫星。为此，现代智能手机通常采用被称为辅助全球定位系统的扩展 GPS。这也是洲际航班落地后，用户一打开手机就能实现定位的原因。

在航空领域，GPS 目前已成为又一种成本低廉但精度极高的导航手段，与移动地图技术结合使用时更是如此。如果大韩航空 007 号班机当时配有 GPS 移动地图，很容易就能发现自己犯下的致命错误，因为客机偏离预定航线是显而易见的。

出于安全方面的考虑，现有的 VOR、DME 与 ILS 站需要持续监控并频繁测试，因此维护费用相对较高。有鉴于此，航空领域采用**卫星导航系统**的趋势越来越明显。

支持 WAAS 的 GPS 精度极高，从而催生出**虚拟进近**程序，它与仪表着陆系统的进近程序非常类似。采用虚拟进近程序的指定机场无须安装任何硬件，因而完全不必维护。当飞机在低能见度条件下在小型机场降落时，虚拟进近程序有助于改善安全性，并提高数千座机场的效率。更重要的是，客流量不大的机场可以淘汰维护费用惊人的 ILS 进近系统，转而采用基于 GPS 的虚拟进近程序，从而在保持相同服务水平的同时完全消除维护成本。

不少 VOR 台也将面临与仪表着陆系统同样的命运：标准航路今后只会维护一套基本的备用网络，因为航路点也能通过 GPS 定义，其灵活性远高于仅使用 VOR 径向方位。

GPS 不仅使全球范围内的陆地、海洋、空中导航变得既便宜又简单，而且能显著降低成本并提高安全性。此外，GPS 能在全球范围内提供准确的位置信息，这创造出几十年前不可能实现的各种新服务和业务。

然而，系统也因此存在巨大的单点故障：由于 GPS 信号接收自两万多千米高空轨道运行的卫星，接收信号极其微弱，很容易受到同一频段其他信号的干扰。以 1991 年海湾战争为例，当时伊拉克军队在敏感的军事目标附近使用 GPS 干扰机——现代战争不可能完全依赖 GPS。即便在和平年代，俄罗斯各地（包括莫斯科克里姆林宫附近与里海沿岸）的 GPS 信号据称也存在巨大偏差。同样，美国纽瓦克机场的 GPS 接收系统曾在 2013 年遭到一辆经过机场的皮卡反复干扰，因为司机使用 GPS 干扰机对雇主隐瞒自己的行踪。这名司机最终被捕并处罚金 3.2 万美元。

军事领域的竞争从未停止，在这个不幸的背景下，仅由美国控制的系统自然不会得到所有人的青睐。正因为如此，苏联开发了名为"格洛纳斯"的替代系统，并由俄罗斯继续维护。中国的北斗卫星导航系统已在轨运行，其最初目标只是服务于中国大陆，但 2020 年将完成全部组网卫星发射。印度同样拥有自己的区域导航系统，覆盖从莫桑比克到澳大利亚西北部的印度洋沿岸地区，直至北半球的俄罗斯边境。日本则致力于发展超高精度、区域优化的 GPS 增强系统：2018 年 11 月，日本准天顶卫星系统全面投入使用。

2016 年，欧洲联盟与欧洲航天局历时 17 年、耗资 110 亿美元开发的伽利略卫星导航系统投入使用，但超高精度的星载原子钟却出现问题[6]。"伽利略"计划在 2020 年全面运行，最终目标是提供超过

---

[6] 2017 年 1 月，欧洲航天局宣布 5 颗"伽利略"在轨卫星的原子钟出现异常，共有 3 台铷原子钟与 6 台氢原子钟无法工作。每颗"伽利略"卫星配有 4 台原子钟，包括两台铷原子钟与两台氢原子钟。——译者注

GPS 的精度水平。与 GPS 和"格洛纳斯"一样，"伽利略"也提供全球覆盖。

大多数现代 GPS 接收机可以与这些类似的卫星导航系统进行同步，从而为用户提供冗余，防止其中一种系统出现重大故障或遭到人为关闭。然而，所有系统均以卫星为基础构建，这些卫星有可能被大型太阳风暴同时击中。有记录以来最严重的一次太阳风暴发生在 1859 年，史称"卡灵顿事件"。而太空时代尚未发生过类似的事件，因此无从知晓同等规模的事件将如何影响 GPS 以及其他卫星。毫无疑问，某些系统肯定会遭到破坏，但破坏的波及程度不得而知。

"罗兰"系统在 GPS 普及后已逐渐销声匿迹，欧洲的大多数"罗兰"发射机于 2015 年停止使用。外界偶尔对经过升级的增强型"罗兰"系统兴趣重燃，因为一旦 GPS 发生灾难性故障，这种系统可以用作备份。

增强型"罗兰"系统的预期优势主要源于针对接收机技术的改进，定位精度可达数十米。尽管各国对这种系统多有探讨，不过截至本书写作时，仅有俄罗斯和韩国仍在积极致力于研究增强型"罗兰"系统。

从最终用户的角度看，使用现代智能手机的移动地图极其简单，但生成位置信息所用的技术是迄今为止无线电波在数学层面最复杂的应用。至今依然如此。

最后，众多功能重叠的系统提供基本相同的服务，这个令人遗憾的事实提醒我们，尽管太空中那个**暗淡蓝点** ⑦ 是人类的共同家园，但依然无法掩盖我们分属不同民族和国家的残酷现实。每种导航系统的日均运营成本高达数百万美元，仅 GPS 的耗资迄今为止就已超过 100 亿美元。如果"伽利略"系统的设计寿命为 20 年，那么其成本估计已从 90 亿美元增至 250 亿美元。

尽管所有国家都存在对高精度位置信息的需求，但未能推动建立一种由联合国等中立机构管理的共享系统——只要一项服务存在明确的军事用途，各国之间就不可能进行开诚布公的合作。

而在其他许多领域，空间利用方面的国际合作已卓有成效，一个极为成功的案例是全球卫星搜救系统。该系统拥有 40 多颗卫星，可在不同轨道监听 406 MHz 遇险信标。这些**紧急无线电示位标（EPIRB）**是船舶与飞机的标准设备，但个人用户也可以买来作为**便携式个人示位标（PLB）**使用。

全球卫星搜救系统的卫星能立即检测到从全球任何地点发出的406 MHz 信号。遇险信号以数字形式发送，包括求救者 ID、GPS 派生位置等信息。大部分飞机都配有与内部电池和冲击传感器相连的独立 EPIRB 设备，能在事故发生后自动激活遇险信标。

由于遇险信号包含的 GPS 位置可能并非最新的，因此卫星也会根据多普勒效应执行各自的位置检测算法（比如前文提到的"反转'斯普特尼克'"），然后将所有信息转发至数十座自动化地面控制站，再

---

⑦《暗淡蓝点》是 1990 年 2 月 14 日由"旅行者一号"太空探测器从 60 亿千米以外拍摄的地球照片。美国天文学家卡尔·萨根从这张著名的照片中获得灵感，写下科普名作《暗淡蓝点：展望人类的太空家园》。——译者注

由它们传输给区域任务控制中心。

全球卫星搜救系统于 1982 年投入运行，目前注册的 EPIRB 和 PLB 设备超过 55 万部。全球每年发生 700 多起紧急事件，平均每年有 2000 多人通过该系统获救。

如果要寻找一种用户界面极其简单的设备，无疑非全球卫星搜救系统莫属：遇险信号要么由传感器自动触发，要么由用户按下按钮触发。但之后的一切非常复杂：众多卫星收到信号后，根据复杂的数学公式计算出求救者的位置，然后将所有信息转发给遍布全球的任务控制中心。

如何利用无形电波创造出一个时刻救人于危难之中的全球性系统，全球卫星搜救系统给出了很好的答案。

A Brief History of Everything Wireless

07
人造卫星

HOW
INVISIBLE WAVES
HAVE CHANGED
THE WORLD

进入太空并非易事。

重力尽其所能将上升的物体拉回地面。保持上升的唯一办法是提高速度，以便挣脱重力的束缚。为环绕地球运行，卫星的最小速度必须达到 7.9 千米 / 秒——既非每小时，也非每分钟，而是每秒 7.9 千米。

这一速度相当于在 45 秒内从英国伦敦希斯罗机场到达法国巴黎夏尔·戴高乐机场，或在 12 分钟内从英国伦敦跨越大西洋到达美国纽约。

达到这种轨道速度需要消耗巨大的能量，因此现代火箭的实际有效载荷只占发射升空时总体结构的一小部分，大部分空间和重量要留给燃料，用于加速火箭顶部质量相对较小的卫星。近年来，尽管 SpaceX、蓝色起源等公司在可重复使用火箭方面取得了惊人进展，但进入太空依然耗资巨大：即便不考虑所搭载卫星的价值，火箭的发射成本也高达数千万美元。

但环绕地球运行的卫星具有诸多优势，所有的付出都是值得的。因此在过去 50 年中，卫星发射业务始终处于蓬勃发展之中。

截至本书写作时，在轨运行的现役卫星超过 4000 颗，还有大约同样数量的失效卫星。它们要么成为不断增加的轨道太空垃圾，要么在重返大气层时烧毁，在天空中绽放出华丽的焰火。

人们需要不断监测所有无法控制的在轨物体，避免可能发生的碰撞事故。例如，国际空间站是目前唯一的载人空间站，其轨道经常需要微调，以避开穿行而过的太空垃圾。而在轨卫星的数量仍在继续增加——2017 年年初，印度发射的一颗卫星就将 100 多颗微纳卫星送入轨道。

就卫星通信而言，卫星与地面站之间巨大的相对速度令情况变得异常复杂。

在低地球轨道（LEO）运行的卫星指高度低于 2000 千米、环绕地球时间少于 2 小时的卫星，各个卫星的相对位置处于不断变化之中。因此，如果希望在地面站与卫星之间建立稳定的无线电连接，全球各地就需要设置多座地面站，保证至少有一座地面站能观测到卫星。由于太阳能电池板提供的电量有限，卫星的传输功率往往很低，所以一般需要使用可移动的强方向性天线来实时跟踪卫星位置。

此外，地面站与低轨道卫星之间的相对速度不断变化，导致通信频率也会因多普勒效应而发生偏移，需要不断校正。

总之，这些内在特性令低轨道卫星的跟踪过程变得相当复杂。

1962 年，第一颗通信卫星"电星一号"投入使用，实现了欧洲与北美之间的洲际电视直播。但这颗卫星在低地球轨道运行，因此洲际通信窗口每次仅有 20 分钟，且每 2.5 小时才会出现一次。

　　尽管存在严重的缺陷，"电星一号"（图 7-1）依然预示着通信创新太空时代拉开大幕，它将两个大洲的观众实时连接在一起。为纪念这一成就，英国"龙卷风"乐队创作了一首全器乐同名单曲，成为首支登上美国排行榜榜首的英国单曲。

图 7-1 "电星一号"模型

　　太空时代与流行文化融为一体。

　　洲际传输窗口较窄并非"电星一号"的唯一缺陷，这颗卫星的有效发射功率也很低，以至于美国缅因州安多弗的跟踪天线极其巨大，其尺寸与一辆公共汽车相仿，重量超过 30 万千克（图 7-2）。"电星一号"的位置以每秒 1.5 度的速度变化，跟踪卫星所需的移动天线平台本身就堪称机械奇迹。

图 7-2 "电星一号"的跟踪天线

然而，有一种轨道非常特殊，完全不必连续跟踪，也无须考虑与多普勒效应有关的频率问题：如果卫星的高度为 35 786 千米，其轨道与地球赤道面重合，那么卫星环绕地球一周的确切时间为 23 小时 56 分 4.0905 秒。

在这种情况下，卫星的轨道速度与地球的自转周期（又称恒星日）一致，卫星在天空中似乎保持静止状态。天线只要指向卫星一次，就无须再次调整，且全天 24 小时均可通信。此外，由于卫星和跟踪天线之间没有相对运动，因此不必担心多普勒效应会影响频率。

这种高轨道的另一个优点在于，地球表面大约 33% 的地区都能观测到在这个高度运行的卫星。因此从理论上说，星载发射机一次就能覆盖全球 33% 以上地区的所有接收机。距离南北两极越近，这些卫星似乎越靠近地平线，所以只有靠近南北两极的部分区域不在理论覆盖范围内，这往往归因于地平线上的高地势。

这种对地静止卫星完全不需要复杂的移动天线。而如果卫星在低地球轨道运行，则需要通过移动天线来保持不间断的通信。换言之，只需将天线对准对地静止卫星即可开始通信。

20 世纪初，人们就已掌握各种轨道转速背后的数学原理。苏联科学家康斯坦丁·齐奥尔科夫斯基是火箭理论的先驱之一，他率先注意到高度约为 3.6 万千米的地球静止轨道。1928 年，斯洛文尼亚工程师赫尔曼·波托奇尼克在著作中首次提到地球静止轨道有望用于通信领域。这位火箭先驱在第二年不幸逝世，享年 36 岁。

1945 年，年轻的英国工程师阿瑟·克拉克在《无线世界》杂志发表了题为《地外中继：卫星能否提供全球无线电覆盖》的文章，第一次深入探讨了地球静止轨道在无线中继和广播中的优点。克拉克后来成为一位非常高产的科幻作家，准确预测了未来的诸多技术发展趋势。

克拉克的文章发表于第二次世界大战结束后。彼时，得益于德国 V-2 弹道导弹在战争期间积累的经验，实现真正的太空飞行已不再是天方夜谭。但当时最先进的无线通信技术仍然以晶体管为基础，因此克拉克在文章中预测，为使此类中继空间站保持运转，人类需要不断进入轨道。

但直到近 20 年后，地球静止轨道才第一次获得实际应用：美国观众通过"辛康三号"卫星收看了 1964 年东京夏季奥运会的电视实况转播，从而证明了这种轨道的实用性。与"电星一号"不同，"辛康三号"能提供持续的洲际连接，无须使用不断移动的巨大天线。

开发地球静止轨道的热潮接踵而至，这种有时又称克拉克轨道的轨道如今已拥挤不堪：在赤道上空，目前有 400 多颗卫星与地球自转同步旋转。

读者可以通过交互网站 Stuff in Space 浏览所有环绕地球运行的已知卫星，对地静止卫星的特殊光环在众多卫星中清晰可见。

为避免相邻卫星之间相互干扰，卫星的位置（称为轨位）以及通信所用频率都受到国际电信联盟的严格监管。

许多对地静止卫星用于直播卫星电视，也有部分卫星充当各大洲之间的通信链路，或根据用户要求提供可租用信道。

例如，大多数电视直播的移动摄制组利用卫星链路将现场信号传回总部，而相当一部分洲际实况新闻报道至少需要经过克拉克轨道上的一颗卫星转发。

地球静止轨道的轨位也有其他重要用途，比如能同时连续跟踪地球表面33%区域的气象卫星，或为覆盖美国的数百个频道提供统一数字音频和专业数据接收的天狼星XM卫星广播网，以及有助于提高GPS精度的广域增强系统。当然，同样少不了军事通信和监视卫星的身影。

国际空间站的轨道高度介于330千米和425千米之间，属于低地球轨道；而国际空间站的通信设施依赖于美国国家航空航天局的跟踪与数据中继卫星（TDRS）系统，该系统由在赤道上空运行的多颗卫星构成。因此，当国际空间站以大约90分钟的轨道周期环绕地球运行时，始终能观测到至少一颗为国际空间站提供不间断双向通信的TDRS卫星。

得益于这种高带宽连接，美国国家航空航天局的YouTube频道如今可以持续提供国际空间站的活动视频（图7-3）。

如前所述，部分气象卫星在地球静止轨道运行，日本气象厅网站提供的高质量气象卫星覆盖图就是

图7-3 国际空间站

一个很好的范例。这些卫星图像从有利位置实时拍摄，并按照不同的波长记录在案。

该网站每 10 分钟更新一次，提供由日本"向日葵"卫星拍摄的最新图像。"向日葵"卫星覆盖从北半球堪察加半岛到南半球塔斯马尼亚的广大区域。

卫星通信使用微波频率。由于微波的频率较高（300 MHz 到 300 GHz），可以将多个单独的信道绑定到一个传输波束中，技术交流"隐性成本"解释了相关原理。但高频的缺点在于，水能有效地吸收微波，因此暴雨或强降雪会导致信号接收出现问题。

对地静止卫星还存在一个不那么明显的问题，就是与卫星的任何通信都必须经过 3.6 万千米的长途跋涉。这段距离几乎是地月距离的10%，仅比赤道周长少 4000 千米。受物理定律所限，对地静止卫星存在一些不足。

首先，通信距离每增加一倍，传输信号功率将减少为原来的25%，因此传输功率必须足够高，另一端才能接收到信号。强方向性天线可以在一定程度上解决这个问题，它是卫星通信的标准天线，遍布城乡的电视抛物面天线就属于典型的强方向性天线。

尽管理论上可以通过一颗卫星覆盖地球表面大约 33% 的区域，但除非接收天线极其巨大，否则仅仅依靠足够强的卫星电视发射机和足够宽的波束无法实现这种覆盖。正因为如此，直播电视卫星采用仅覆盖地球特定区域的强方向性天线。例如，波束通常可以覆盖与欧洲中部相仿的面积；距离这一最佳接收区域越远，接收天线尺寸必须越大，才能抵消信号强度降低的影响。

第二个不足则不那么明显。由于无线电信号以光速传播，3.6 万千米的距离足以产生明显的时延。如果信号先发出去再传回来，传输总距离将达到 7.2 万千米，时延会更加明显。

我第一次认识到光速的物理极限，源自孩提时代看过的一部纪录片，这部纪录片介绍了向加拿大北极地区播送电视节目的因纽特人广播公司卫星电视系统。片中有一个片段：两台电视监视器并排放在一起，其中一台显示向卫星传送的节目（上行传输），另一台显示从卫星接收的同一节目（下行传输）。

信号首先传至卫星，卫星再将信号传回，因此传输总距离是 3.6 万千米的两倍，从而导致两台监视器之间出现了 0.24 秒的明显时延。

这条极其昂贵的"延迟线"说明，阅读光速等理论科学书籍是一回事，在实践中理解其含义则完全是另一回事。

眼见为实。

对洲际体育赛事直播等单向广播而言，0.24 秒的时延可以忽略不计。由于缓冲并解码接收信号也需要时间，大多数现代数字电视系统的时延很长。但在不少交互式应用中，这类时延会非常明显。

下次观看新闻直播时，请读者留意演播室提问与现场记者回答之间的时延。

这种不太自然的长时间停顿并非由于记者在作答前必须仔细思考，

而是因为演播室提出的问题需要经过一段时间传输至卫星，再传送到现场工作人员的接收设备；现场记者开始回答问题时，信号又要经历同样的上下跋涉。

总之，这段时间约为 0.5 秒，处理实际数字信号时的额外时延不包括在内。

以美国和澳大利亚之间的现场直播为例，信号很可能经过多颗卫星多次中转，导致时延更加明显。

无论如何，这个具体示例诠释了宇宙中最基本的速度极限。对所有交互通信（如简单的洲际通话）而言，往返 7.2 万千米所产生的额外时延很快会变得非常恼人。

为消除时延，人们不断在大洋深处铺设光纤数据电缆。这种电缆构成的点对点连接要短得多，从而能缩短光速引起的传输时延，避免对大多数实际应用造成明显影响。

如前所述，地球静止轨道的无干扰轨位数量有限。由于太阳风和重力的微小变化，邻近卫星的质量甚至也会影响部分轨位，因此对地静止卫星需要不断修正轨道才不会偏离位置。最终，卫星的推进剂耗尽，再也无力进行轨道修正。退役卫星通常会被推离到大约 300 千米以外的所谓墓地轨道，以免与仍在运行的卫星相撞。

自 2002 年以来，对地静止卫星必须遵循这一报废程序。退役卫星需要保留部分燃料（大致为在克拉克轨道上运行 3 个月所需的燃料量），以便最终移动到太空中不会妨碍其他卫星的位置。尽管有这项规定，且早期各国自愿采用相同的卫星报废管理办法，但由于系统故障或没有遵循报废程序，目前仍有 700 多个无法控制的物体漂浮在地球静止轨道附近。人们必须持续跟踪这些物体，以免发生碰撞。

在大多数情况下，现有卫星退役或丢失后，释放出来的轨位将由功能更强大、技术更先进的新卫星填补。由于轨位数量有限，因此价值极高，人们往往会提前几年规划更换任务。轨位分配堪称成功开展空间共享"房地产"国际合作的典范。

虽然地球静止轨道具有许多优点，但它绝非卫星通信的唯一选择。如果我们需要一种能在地面上与卫星进行通信的手持系统，那么 3.6 万千米的距离对传输功率的要求极高，而两次跨越如此长距离所产生的时延可能会严重影响交互式应用的性能。因此，要想实现便携性与全球覆盖的有机统一，就要采用不同的解决方案。

"铱星计划"便是一例，这一命运多舛的系统在 1998 年投入运行时已超前于时代。铱星破产案是史上最大的破产案之一，但这只通信之凤如今已浴火重生。铱星系统的轨道高度约为 800 千米；之所以命名为"铱星"，是因为最初规划的卫星数量为 77 颗，而"77"是银白色金属元素铱的原子序数。尽管卫星数量在发射前有所减少，这个朗朗上口的名字却流传至今。

"铱星计划"源于知名电信设备制造商摩托罗拉公司的创意，最终耗资约 60 亿美元，在 1999 年开始商业运营后不久即宣告破产。最初，铱星系统在《美国破产法》第 11 章的保护下继续运行；2001 年，一批私人投资者以区区 3500 万美元的价格购得现有系统与在轨卫星的使用权。

对一种功能齐全的全球通信系统而言，这是一笔极其划算的交易——3500 万美元仅相当于系统全部投资的 0.6%。

经过多次合并以改善财务状况后，铱星系统在新东家治下重振雄风，目前继续提供能无缝覆盖全球、基于卫星的便携式电话和数据服务。

最初的铱星系统使用 20 世纪 90 年代的卫星技术，数据速率仅为 2.4 kbit/s，以如今的标准衡量慢得惊人。截至本书写作时，数据和语音通信的费用约为每分钟 1 美元，因此使用铱星系统并不便宜。但如果用户需要真正的全球覆盖，不妨考虑这种可以用于南北两极的解决方案。

阿蒙森—斯科特南极站通过铱星系统提供的数据链路与世界其他地区保持通信联络。并行铱星调制解调器的速度为 28.8 kbit/s，与早期的声学调制解调器相仿。

由于科考站位于地理南极点，它无法与标准的对地静止卫星建立视距连接，只能依靠某些特殊的卫星。这些卫星位于轨道周期为 24 小时的地球同步轨道，从赤道面上下方不断穿行而过。与科考站连接的卫星运行到赤道南侧时将提供高速卫星通信窗口，因此从南极点几乎无法看到地平线上的卫星。

在大多数情况下，美国国家航空航天局的跟踪与数据中继卫星为阿蒙森—斯科特南极站提供高速连接。但这些卫星在赤道面上下方不断"摇摆"，所以高速连接并非随时可用。

有鉴于此，只有铱星系统能提供持续可用的备份通信链路。得益于近年来的发展，身处南极洲的科研人员很快就能用上经过升级的通信设备：重生的铱星公司已通过破产贱卖还清最初的巨额债务，足够的利润也使公司开始利用最新的通信技术更新其卫星，从而显著改善通信能力。

对第二代铱星系统及其全新的 Iridium OpenPort[①] 数据配置设备而言，最高数据速率将增至 512 kbit/s。现有的铱星手机和调制解调器可以继续使用新卫星进行通信，而借助最先进的卫星技术与配套的新设备，第二代铱星系统不仅具有更高的数据速率，也提供许多新特性——比如适用于多台设备的 64 kbit/s 广播模式，以及船舶和飞机的实时跟踪支持。

马来西亚航空率先使用铱星系统提供的新型实时飞机跟踪功能。马航 370 号班机于 2014 年神秘失踪，至今仍然令人震惊。

2017 年 1 月，SpaceX 公司研制的"猎鹰九号"火箭发射升空，箭上搭载了第二代铱星系统的首批卫星（图 7-4）。此前，"猎鹰九号"在 2016 年底发射时爆炸，导致一颗铱星被毁。

2017 年 1 月的发射非常顺利，包括"猎鹰九号"第一阶段的软着陆和回收均按计划完成。最重要的是，

① Iridium OpenPort 目前已停止销售，被 Iridium Pilot 所取代。——译者注

图 7-4 SpaceX 公司的"猎鹰九号"发射升空

这次发射将第二代铱星系统的 10 颗卫星送入预定轨道 ^②。

铱星系统也创造了一个不那么光彩的"史上首次": 2009 年 2 月,
"铱星 33"与报废的俄罗斯"宇宙 2251"卫星相撞。据估计, 两颗
卫星相撞时的相对速度约为每小时 3.5 万千米, 在轨道上形成了一个
可能具有破坏性的巨大碎片场。这次事件彰显出跟踪所有太空物体的
重要性: 一系列相撞的最坏结果是产生连锁反应, 可能摧毁其他数十
颗卫星, 并导致大部分轨道在数十年内无法使用。

第一代铱星系统还有一个有趣的意外收获: 星载微波天线由巨大
的抛光铝板构成, 可以在合适的条件下充当镜子, 将阳光反射到地球
上处于暗夜的地区。如果时间和地点正确, 在晴朗的夜空下就能看到
以下景象: 一颗缓慢移动的星体突然变亮, 亮度在短时间内超过天空
中其他所有星体, 然后再次消失不见。

我们可以计算出铱星闪光在全球任何地点出现的时间, 比如通过
Heavens-Above 网站。对已为人父母的读者而言, 如果能"预测"一
颗"新星"出现的地点和时间, 想必会令子女大吃一惊。

读者不妨一试, 但要抓紧时间。由于第二代铱星系统的卫星不再
配备类似的天线, 这种免费的壮丽景象将在 2020 年逐渐消失。

Heavens-Above 网站还提供其他可见卫星的跟踪信息, 包括目前
在轨的最大物体——国际空间站, 夜空中的国际空间站同样令人印象

---

② 2019 年 1 月, "猎鹰九号"将第二代铱星系统的最后 10 颗卫星送入轨道, 为
期两年的发射任务全部结束。——译者注

深刻。但其轨道离赤道相当近，因此从南北半球的高纬度地区无法看到国际空间站。

自 20 世纪 70 年代末以来，国际海事卫星组织一直致力于提供基于卫星的语音和数据连接。作为空间通信领域的开拓者，国际海事卫星组织在成立之初是一个非营利性组织，其运营业务部门在 1999 年重组为私营公司，所有权其后几经变更 ③。

国际海事卫星组织公司的解决方案有赖于在地球静止轨道上运行的卫星，由此产生的时延意味着这些解决方案最适合电子邮件、网页浏览、单向内容流等不受时延影响的应用。国际海事卫星组织公司的最新高速服务"全球快讯"还有一种特殊功能：它使用可控天线，支持在全球范围内按需提供高度本地化的高容量服务。

几十年来，国际海事卫星组织公司、休斯通信公司、卫讯公司、欧罗巴卫星公司等多家企业始终致力于提供基于卫星的互联网服务。某些洲际航班目前提供空中上网服务，部分卫星服务提供商是这一最新潮流的幕后推手，因为卫星是实现跨海无缝通信的不二之选。

许多卫星服务提供商成为农村用户接入互联网的唯一选择，这些用户的月费计划通常会对数据下载量做出严格限制。但随着技术的进步，人们如今对利用低地球轨道进行通信兴趣重燃。

---

③ 1999 年，国际海事卫星组织（INMARSAT）的运营业务重组为国际海事卫星组织公司（Inmarsat plc），监管业务则移交给国际移动卫星组织（IMSO）。国际海事卫星组织公司于 2005 年在伦敦证券交易所上市，2019 年 3 月被私募基金收购。——译者注

作为低轨道通信领域的开拓者，铱星公司最新的第二代铱星系统近年来已经升级。而埃隆·马斯克堪称近代史上最多才多艺的创新者，他提出的未来计划令第二代铱星系统相形见绌。马斯克创办的 SpaceX 利用可重复使用火箭彻底改变了发射业务，他还准备实施一项依托于低轨道卫星的互联网服务："星链计划"的第一阶段准备使用不少于 4425 颗卫星覆盖全球，最终将增至 1.2 万颗。这项计划于 2018 年开始测试，预计在 2024 年实现全面部署。"星链计划"将首先为美国用户提供高速互联网接入服务，随后扩展至全球用户。

该系统致力于提供吉比特的接入速度，有望与采用光纤数据电缆的地面互联网提供商一争高下。为进一步提高新系统的吞吐量，星链卫星还计划将网状网搬到太空。技术交流"网状组网"将深入探讨网状网的概念。

"星链计划"可谓雄心勃勃，因为新卫星的数量将达到现有空间卫星数量的 4 倍。但马斯克之前取得的成功，无论是特斯拉公司在电动汽车和太阳能系统领域掀起的技术革命，还是 SpaceX 公司利用可重复使用火箭发射卫星的壮举，都证明他为之努力的"星链计划"是值得信赖的。谷歌、富达投资等大企业为"星链计划"注资数十亿美元，同样对项目有所帮助。

波音、空中客车等许多传统的航空企业也提出了基于卫星的互联网接入计划，它们或是独立开发，或是与现有企业合作。对消费者而言，所有新的参与者与现有参与者之间的竞争意味着有更多产品可供选择，也更有可能以更快的连接速度和更低的价格实现真正的全球互连。

如今，埃隆·马斯克、比尔·盖茨等亿万富豪将财富用于改善人类生活，并推动技术和医疗保健在全球的发展，这令我重拾对人性的信心。他们的作为与不少新富阶层形成了鲜明而可喜的对比：那些暴发户一掷千金，只为购买价格虚高的球队。

A Brief History of Everything Wireless

08
裂变之年

HOW
INVISIBLE WAVES
HAVE CHANGED
THE WORLD

—

1987 年，时任苏联领导人戈尔巴乔夫访问芬兰。戈尔巴乔夫此行的重要目的是与芬兰企业和学术界就潜在的商业合作机会达成共识。

戈尔巴乔夫并不清楚，他在不经意间为一家默默无闻的芬兰公司做了免费广告。不久前，这家公司从一个规模庞大、疲惫不堪的企业集团转型为一家雄心勃勃的电信公司。

这家公司名叫诺基亚（图 8-1）。

图 8-1 诺基亚公司商标

在一场关于芬兰工业和技术研究机构的新闻发布会上，有人随手递给戈尔巴乔夫一部顶端装有独特天线的灰色设备，告诉他可以"直达莫斯科"。困惑的戈尔巴乔夫颇为震惊，他开始与苏联通信部长通话，这一幕被随行记者记录下来。

自此之后，外界将这部正式名称为"城市人 900"的灰色设备称为"戈尔巴"。

就外观设计而言，"戈尔巴"与全球第一款便携式手机摩托罗拉 DynaTAC 8000X 非常类似。DynaTAC 8000X 于 1984 年上市，比"戈尔巴"提前 3 年。但"戈尔巴"的成功得益于北欧移动电话（NMT）系统提供的无线连接性，NMT 是第一种可以跨国使用的全自动蜂窝电话系统。1981 年投入运行的 NMT 系统最初覆盖瑞典与挪威，第二年扩展到芬兰与丹麦。

NMT 网络最初设计供车内通信使用，不过拜技术进步所赐，像"城市人 900"（重约 1 千克）这样的设备便携性越来越强，因而适合个人使用。

虽然 NMT 属于全新的网络，但它是早期对蜂窝技术进行长期研究的成果。1969 年，北欧国家的电信管理部门启动合作项目，沿袭源自美国的发展道路——颇具传奇色彩的贝尔实验室提出蜂窝技术的概念，并率先在美国展开大规模试验。

传统无线电通信最根本的问题在于可用信道的数量有限，且便携性与双向通信的可实现范围之间存在不可调和的矛盾，而蜂窝网络的概念为克服这些缺点提供了新的方法。便携式手机的功率越高，传输距离越远，耗电量也越大。受影响无线电波传播的平方反比律[①]所限，手机的重量和价格很快会变得令人望而却步——平方反比率指出，如果传输距离翻番，则传输功率将翻两番。此外，覆盖范围过大还会产生一个副作用：无法在整个覆盖区域内复用正在使用的特定传输信道，

① 平方反比率并非某种具体的物理定律。对任何物理定律而言，只要某个物理量或强度与距离的平方成反比，该定律就能称为平方反比率。万有引力定律就属于平方反比率。——译者注

因为同一信道上的任何其他传输都会引起干扰。

由于这个原因，在有限的可用信道中，预期覆盖范围与同时支持的通话数量之间不可避免会出现矛盾。如果利用新的无线服务覆盖整座城市这种规模的区域（且取得成功），那么我们很快会耗尽所有能用于同时通话的信道，而增加更多用户将严重降低系统性能。

最初的移动网络不得不面对这些严重的缺陷。以美国电话电报公司在 1964 年推出的改进型移动电话服务（IMTS）为例，这种网络仅有 12 个可用信道，只能为纽约地区的 2000 名用户提供服务。电话由人工接线员手动连接，平均等待时间为 20 分钟。

显然，信道数量有限是个难以逾越的障碍。为解决这个问题，贝尔实验室的工程师道格拉斯·林在 1947 年提出一项建议：与其使用大功率中央发射机覆盖整座城市，不如利用若干低功率基站（按地理位置划分为小蜂窝）提供高度本地化的连接。这些基站仅为蜂窝有限覆盖区域内的客户提供服务。

上述方案的优点在于，即便这些基站都使用同一个频段，也可以通过在整个覆盖区域内的基站之间智能分配信道来避免相邻基站共享相同的信道。由于只需较低的功率就能覆盖一个蜂窝区域，因此距离较远的基站可以复用相同的信道，不必担心在较远处同时使用同一个信道可能造成的干扰。

如果采用这种方案，那么一次可以服务的用户数量将不再受限于整个覆盖区域，而仅仅与单个蜂窝有关。此外，由于覆盖范围减小，手机的最大传输功率也会相应降低，从而可以使用电池更便宜（也更轻）

的小型手机。

蜂窝技术巧妙解决了最大限度同时使用有限信道集这个最关键的问题，从而可以通过不断复用信道来实现全国性覆盖。但另一个更复杂的新问题随之而来：用户离开当前连接的基站时，手机必须持续扫描附近其他可用的基站；如果发现另一个连接质量更好的蜂窝，手机将请求当前基站将正在进行的呼叫切换至该蜂窝。

在此过程（称为切换）中，正在进行的呼叫必须能无缝切换至新的无线电信道，手机通过该信道连接到新蜂窝所在的基站。此外，通话需要从原基站重新路由至新基站。为避免通话质量下降，全部过程要在 0.1 秒到 0.2 秒内完成。

虽然蜂窝网络所依据的理论切实可行，但无论是基站之间的这种音频按需路由，还是手机所需的动态无线电信道切换，都无法通过 20世纪 50 年代拥有的技术实现。

不过正如 20 世纪初的超外差理论一样，电子技术的进步最终使全自动化切换成为现实。计算机在其中发挥的作用功不可没，因为它可以处理基站和手机中必要的切换逻辑。

在道格拉斯·林提出蜂窝电话技术 30 多年后，贝尔实验室于1978 年在美国芝加哥率先大规模实施蜂窝网络。日本电报电话公司紧随其后，于 1979 年部署蜂窝网络。

仅仅两年后，NMT 系统问世，成为第一种在多个国家透明运行的网络。

对计划用于移动网络的设备而言，传输功率并非影响设备尺寸的唯一因素。首先，最佳天线长度与所用频率成反比，因此频率越高，天线可能越紧凑。其次，传输信号前需要进行必要的调制，调制技术定义了单独信道所需的带宽，而信道带宽确定了通信频段内可用的信道总数。技术交流"隐性成本"将详细讨论带宽需求存在的基础性缺陷。

由于这些限制，真正便携式设备的有效频率大约从 400 MHz 开始，这些设备有足够的信道同时支持成百上千个用户。例如，NMT 系统最初使用 450 MHz 频段，但后来也扩展到 900 MHz 频段。

900 MHz 是 450 MHz 的两倍，这并非巧合——如果所用频段之间具有整数倍关系，则最容易实现最优的多频天线设计。

可用的无线电频谱是一种有限的资源，其使用在国家和国际层面受到严格监管。在无线电的发展历程中，各方已就频率分配达成共识，新服务不能随便使用已经分配给其他应用的频率。相反，必须为新服务保留新的频段或重新分配之前的频段，且各方必须一致同意规范新频段应用的标准。因此，要想实现新的无线服务，研发新技术只是第一步——在新概念转化为真正的全球性服务之前，大量谈判与国际合作必不可少。

尽管微芯片革命催生出第一代（1G）蜂窝电话，但可用的微处理器相当耗电，而当时的电池技术远非最佳。以"戈尔巴"为例，充满电后的有效通话时间仅为 50 分钟。不过对许多需要时刻保持通信畅通的企业来说，这种电池续航能力已绰绰有余——只要能随时随地拨打和接听电话，即便手机很重且需要不断充电，也是值得的。

为增强实用性，NMT 内置的跨境设计将该系统推向全新的维度。面世之初的 NMT 拥有名副其实的革命性体验：身处国外的用户打开手机后，仍然可以使用本国的电话号码拨打和接听电话。就许多方面而言，NMT 堪称多种功能的试验田，而这些功能在如今的移动网络中已司空见惯。

这些开创性的网络大获成功后，世界各地开始涌现出类似的系统。美国在 NMT 系统面世两年后推出高级移动电话系统，而欧洲在20 世纪 80 年代末和 90 年代初部署了 9 种互不兼容的系统。

第一代蜂窝系统均以模拟技术为基础。与传统的无线电一样，用户在通话时独占信道。而利用简单的扫描仪（一种可以调谐到蜂窝网络所用信道的便携式接收机），任何人都能窃听到用户通话。

用户遭到窃听！

只要窃听到在重要地点进行的通话，就能获知许多令人尴尬的丑闻，这些丑闻最终被透露给媒体。这种情况相当糟糕，因此可以调谐到模拟移动电话频段的扫描仪在美国属于非法设备。

当然，被某个国家认定为非法的设备并不会因此而销声匿迹，所以窃听的获益者找到了继续窃听的必要手段。

模拟信道不仅安全性差，而且会浪费宝贵的频谱资源。与一次只能有一个用户传输数据的传统无线电通信不同，蜂窝网络连接具有全双工性质，这意味着必须在整个通话期间为用户分配两个信道：一个信道用于上行音频，将用户 A 的声音传输给用户 B；另一个信道用于下行音频，将用户 B 的声音传输给用户 A。

更糟糕的是，相对较宽的信道才能容纳模拟语音信号。同样，与所有模拟无线电信号一样，通话质量与手机到基站的距离呈线性关系，而且会受到信道杂散干扰的严重影响。

就成本而言，所有第一代手机仍属奢侈品。"城市人900"的定价以现价计算约为8000美元，而实际的通话费用同样高得惊人。

尽管存在诸多不足，第一代蜂窝网络仍然在短时间内风靡全球。与所有新技术应用一样，手机价格和通话费用开始不可避免地下降，一个真正的大众市场由此诞生，而边走边打电话成为20世纪90年代最常见的景象。

但容量问题随之而来。

客户群迅速增长导致部分蜂窝严重拥塞。如果用户继续尝试打电话，将遇到越来越多的掉话或忙音。即便实施蜂窝复用，相对较少的可用信道总数也成为人口稠密地区的严重瓶颈。

网络再次达到增加更多用户只会降低用户体验的程度。

得益于速度更快、价格更低的微处理器（尤其是数字信号处理器），模拟系统开始全面转向数字系统。利用为数字信号处理器编写的特殊智能程序音频编解码器，可以实现实时数字信号压缩。技术交流"容量之谜"将深入探讨上述概念。

第二代（2G）全数字系统仍然使用与第一代网络相同的频段，因此可用的信道数量没有明显变化。但第二代系统并未在整个通话期间占用信道全部带宽，因为数字信号压缩可以减少单个用户传输音频所需的带宽。因此，通过将同一物理信道划分为若干较短的时隙，多个用户就能实时共享该信道。

这种**时分多址**（TDMA）技术可以产生高脉冲传输，重复的高频脉冲会在可听范围内产生低频嗡嗡声。其副作用在于几乎所有音频设备都容易受到干扰，这就是处于开机状态的 2G 手机放在调频收音机附近时会听到持续的嗡嗡声的原因。

当手机在实际通话前几秒钟与基站开始握手过程时，附近的音频设备会在手机实际振铃前发出可以听到的来电"警示音"。

脉冲传输模式及其潜在的声音干扰令新手机的设计者颇为头疼，因为脉冲无线电传输同样可能渗透到手机内部的音频电路，这个问题在使用与手机相连的有线耳机时尤为突出。为尽量减少这种情况，早期手机均配备专有的耳机连接器，强制用户使用制造商提供的特殊耳机。手机与专用耳机经过优化，能减少手机内部大功率脉冲发射器引起的音频干扰。

此外，将外部线路连接到配有无线电发射机的设备可能会影响手机内部实际无线电电路的性能。因此，试图解决此类偶发问题的工程师要求用户仅使用制造商专有、专门设计、具有最佳电耦合特性的耳机。

但随着手机的内置功能越来越丰富，并用作独立的音乐和视频播放器，用户希望能使用自己喜欢的耳机。

用户掌握功能的最终决定权，如今再也没有人考虑手机和耳机是否出自同一家制造商的问题了。工程师们最终找到了一种方法，能使手机的内部电路不再受此类问题的影响。尽管苹果公司和谷歌公司正在努力完全摆脱耳机插孔，但这一历史悠久的 3.5 毫米音频接口至今依然广泛存在。

如前所述，NMT 系统最令人印象深刻的新功能是自动国际漫游——尽管漫游只能在 4 个北欧国家之间进行。国际漫游成为后续第二代系统的基本要求之一，但这种系统已不再局限于覆盖少数国家，而是致力于为全球用户提供服务。

新兴的欧洲数字蜂窝系统最终被命名为**全球移动通信系统**（GSM）。不过，GSM 最初是"移动专家组"的法语缩写，代表负责制定新标准的泛欧委员会。北欧国家在 NMT 方面积累了丰富经验，它们成为 GSM 革命的有力推动者。正因为如此，第一部 GSM 手机在 1991 年诞生于芬兰也就不足为奇了。

内置的跨国漫游支持催生出另一种非常有用的功能，这就是通用电话号码方案。使用纯 GSM 手机的用户可以通过完整的国家（地区）代码 + 地区（城市）代码 + 实际号码拨打全球任何区域的电话，方法是在号码前加拨"+"号。这种方案与用户拨打电话时所在的国家无关，适用于所有场合。因此，如果以上述格式创建通讯录，然后在其他国家继续使用手机，那么"从某某国家给家里打电话"完全不是问题。

这看似小事，但确实简化了旅行期间使用座机拨打电话时普遍存在的基本问题，因为各国对国际长途的逻辑和号码前缀往往有不同的规定。

用户入住酒店时，需要遵循特定的步骤才能使用酒店的电话系统。

而在拨打电话时，用户很可能会感到不便。

遗憾的是，少数国家破坏了这一良好而普遍的做法，以提供"客户选择"为名强制要求用户在号码前加拨运营商代码。

改进的信道容量绝非全数字系统的唯一优点：由于基站与手机之间保持不间断的数字数据连接，因此基站可以提供接收呼叫质量的实时状态，然后将这些信息传回手机，用于动态控制传输功率。如果连接条件良好，这种按需功率管理就能显著延长可实现的通话时间，并降低系统的整体干扰水平。

迁移到数字系统后，网络对许多常见干扰的耐受性也更强：只要手机与基站之间的连接超过某个阈值，通话质量就会非常好。

数字网络还提供了另一种名副其实的新功能，这就是在用户之间发送短文本消息的内置设定。当 GSM 控制信道协议中存在"空闲"的时隙时，**短消息业务**（SMS）作为补充功能被纳入 GSM 标准。大多数早期的 GSM 手机并没有立即提供短信功能，但随着这项附加功能在支持它的设备上日益流行，能否收发短信成为用户购买新手机时的重要决策因素。因此，所有制造商都在产品中迅速加入对短信的支持。

利用特殊的**用户身份模块**（SIM）可以实现**呼叫者身份**与实际手机的分离，这或许是 GSM 标准中最出色的附加功能。SIM 卡是一种配有内部处理器和内存的微型智能卡，可以插入任何兼容设备，从而在相关设备上激活现有的电话号码。SIM 卡还配有用于储存简单通讯录的本地内存，新设备因而能立即使用所有常用的号码。

网络端也有重要的设计变动：实现基站不同网元之间的通信接口经过标准化处理，运营商可以混合并匹配任何 GSM 兼容设备制造商的组件，从而避免了因使用专有组件而出现供应商锁定 ② 的问题。此类可互换标准是激烈竞争的一大动力，推动爱立信、诺基亚、朗讯、阿尔卡特等首屈一指的网络设备公司不断改进其产品。在此过程中，产品越来越通用，也越来越便宜。

近年来，由于计算能力的发展，许多网元已实现虚拟化，仅作为软件模块存在于基站内的大型计算设备中。

凭借这些特性，交叉兼容的 GSM 网络如雨后春笋般在全世界蔓延开来，成为名副其实的全球统一标准。唯一的主要例外是美国。

对设备和手机制造商来说，建立一个迅速扩张、全球同质化的 GSM 市场颇为有利。

从第 4 章的讨论可知，当新技术的成本降至市场可以广泛接受的程度时，需求会呈现曲棍球棒效应，那些恰巧顺势而为的企业将获利巨大。

对诺基亚而言，历史性的成功始于 1994 年推出的诺基亚 2110。在公司计划推出这款新设备时，手机所用的技术即将让位于更节能的新一代微处理器。诺基亚最初开发的产品以上一代微处理器为基础，但富有远见的管理层同意新产品发布略微向后推迟。诺基亚的研发部

---

② 供应商锁定指客户依赖于某一供应商的产品和服务，更换其他供应商的产品和服务需要付出极高成本。——译者注

门因而有足够时间采用最新且能效最高的微处理器技术来升级 2110（图 8-2）。

图 8-2 诺基亚 2110

市场上尺寸最小的 GSM 手机由此诞生，其电池寿命远优于同类产品。诺基亚已于 1992 年推出第一款面向大众市场的 GSM 手机诺基亚 1011，因此有丰富的实践经验开发新产品。得益于最新的微处理器和液晶显示技术，新产品的用户界面简单而直观。诺基亚 1011 和诺基亚 2110 完全支持 GSM 网络的短信功能，而使用 2110 收发短信极其便利。由于诺基亚 2110 广受欢迎，其他所有制造商被迫在产品中加入短信功能。

无与伦比的功能与最佳时机相结合，对诺基亚影响巨大：2100 系列原计划销售 40 万部，而在该系列退出市场时，假如算上使用不同频率的特殊产品，2100 系列的累计销量已超过 2000 万部。

在计算新产品的盈利能力时，如果预计销量为 N，而最终销量 50 倍于 N，那么实际利润率将直线上升。因为当订单量激增时，内部元件的单位成本将大幅下降。尽管 2100 系列的每种产品都有一部分独有的无线电接口元件，但实际手机平台的大多数元件仍然保持不变，所以会反复使用相同的元件。这些元件的订单量增加使设备的整体物料清单成本迅速下降。

因此，2100 系列令诺基亚获利巨大，并在之后几年中推动公司成为首屈一指的手机制造商。

以我个人为例，当时的英国雇主为我配发了诺基亚 2110i。与之前使用的模拟手机相比，新手机的通话质量、通话时间与通话可靠性均有明显提升。当我堵在伦敦 M11 高速公路上时，我坐在车里与美国纽约的老板和日本东京的同事召开电话会议——两人的声音异常清晰，音质远优于我在工作时使用的固定电话。

世界似乎因电话会议而缩小，有如魔法一般神奇。正如著名的克拉克定律三所言：

> 任何非常先进的技术，初看都与魔法无异。

1958 年，阿瑟·克拉克曾雄心勃勃地预测：

> （未来将出现一种）小巧玲珑的个人收发信机，每个人都会随身携带。
>
> 总有一天，只需拨打一个号码，就能与全球任何地点的人通话。

克拉克甚至预测这些设备还具备导航功能，从而：

> 不会有人再迷路。

尽管克拉克未能预测到苹果地图早期存在的诸多导航失误，但可以肯定的是，他对移动未来的设想完全正确。克拉克还认为，这种发展将在 20 世纪 80 年代中期前后实现——他的预测再次与现实完全相符。

特斯拉曾在 1926 年针对无线通信做出前瞻性预测。但克拉克还提出了可核实的准确时间表，因而比特斯拉更胜一筹。

多年来，诺基亚一直极具创新精神。在 2110 发布仅仅两年后，公司就通过"个人通信器"系列展示了移动设备的未来潜力，该系列产品是有史以来第一批配备键盘和更大屏幕的手机。随后，公司还推出面向互联网的触屏设备——诺基亚 7000 系列。两个系列是如今智能手机名副其实的前身，遥遥领先于它们所处的时代。遗憾的是，这些产品最终在诺基亚后来的发展中被打入冷宫，导致竞争对手迎头赶上。

尽管诺基亚采取了各种革命性的举措，赢得"智能手机之母"桂冠的却是 IBM "西蒙"（图 8-3），这款手机在 1994 年至 1995 年间仅上市销售 6 个月。"西蒙"已具备如今智能手机的所有特点，包括触屏操作、日历、电子邮件以及其他一些内置应用，甚至还支持收发传真——这也是诺基亚"个人通信器"系列产品备受推崇的功能之一。IBM "西蒙"同样超前于时代，不过仅售出 5 万部。以现价计算，"西蒙"的非补贴价格约为 1800 美元。

图 8-3 IBM "西蒙"

在 IBM "西蒙"上市 5 年后，智能手机的概念开始进入千家万户。日本 NTT DOCOMO 公司推出面向年轻人的 i 模式手机，开创手机上网之先河。移动数据的出现是推动无线通信发展的根本因素，第 10 章将做进一步讨论。

在近 10 年的时间里，诺基亚一直是移动领域的绝对王者，但缓慢的螺旋式下滑最终开始出现且看似不可避免。公司之所以走向没落，并非由于某个原因，而是各种（往往很微妙）因素的集合。

诺基亚既开发基站技术，又制造手机，这个基本问题导致公司业务之间出现根本性冲突。由于生产方面的二元性，全球各大运营商都是两类产品的主要客户，大量采购手机和网元。确保运营商满意事关诺基亚的切身利益。运营商自然清楚自己的影响力，而来自这些大客户的负面反馈往往相当直接，诺基亚不得不认真对待——失去大型运营商的订单可能意味着数千万美元的收入损失。

这种自我保护的本能扼杀了诺基亚进军新增值领域的无数尝试，外界甚至将这些领域视为运营商势力范围的一部分。

相比之下，任何没有持续商业利益的新贵竞争者都能在市场上测试新的创意，而不必担心惹恼既有客户群。正因为如此，黑莓这样的公司才可能介入并创造出全球性的移动电子邮件业务。而在黑莓诞生前多年，诺基亚的研发部门就已拥有完善的内部解决方案。

诺基亚与运营商的关系之所以出现问题，另一个原因在于诺基亚手机的客户需求不断增长，往往使销售团队在所有潜在客户的产品分配方面左右为难。在某些情况下，运营商认为诺基亚销售团队的做法过于傲慢。这个结论未必不对，因为销售团队非常清楚，当需求不断超过供给时，他们有权在一定程度上灵活地决定条款。因此，即便诺基亚与主要运营商客户的步调完全一致，对最热门设备的巨大需求以及出于"平衡痛苦"的需要，有时也会迫使诺基亚采取行动。

就预期销量或预期折扣而言，那些感觉被边缘化的供应商并不开心。对于诺基亚在产品分配和交付时间方面所做的决定，我曾亲眼目睹某大型运营商的首席执行官公开表达不满。在市场最终开始趋于平衡时，部分运营商拥有"大象的记忆"③不足为奇：当其他制造商的手机在功能和价格方面开始迎头赶上后，这些运营商非常乐意"报复"之前曾遭受过的任何不公，将诺基亚拒之门外。

美国市场便是一例。2000年前后，"诺基亚王国"④几乎垄断美国市场；而仅仅10年后，诺基亚手机在美国商店里已难觅踪影。

庞大的销量以及由此产生的巨额现金流给诺基亚的管理层制造出另一个心理障碍：公司不再只是雄心勃勃、初入无线领域的参与者，它已成为全球公认的通信巨头，所有商业渠道每天都在详细讨论公司股价。这个不幸连带后果导致诺基亚似乎非常注重保护其股票价值，并相应优化其产品线。如果某种创新型电子产品无法在相对较短的时间内实现数亿美元的销售收入，相关的研发资源就可能流向别处，因为其他领域总是存在亟待补充、对短期业务目标更重要的资源瓶颈。因此，由于无法证明曲棍球棒效应即将到来，少数几次开拓新领域的尝试最终都因资源不足而宣告失败。

这种短视导致多位关键人物从诺基亚的研发部门离职。他们厌倦了为前沿新产品夜以继日地工作一两年，结果研发团队在又一个"长刀之夜"⑤后转移至他处，项目随之终止。

---

③ 研究表明，大象拥有"过目不忘"的超强记忆力，"大象永远不会忘记"（Elephants never forget）是一句著名的习语。——译者注

④ 鼎盛时期的诺基亚为芬兰贡献了4%的国民生产总值与25%的出口额，因此芬兰一度被称为"诺基亚王国"（Nokialand）。——译者注

⑤ 长刀之夜（Night of the Long Knives）指1934年6月30日至7月2日发生在德国、由纳粹政权主导的一场清算行动，源于希特勒对纳粹冲锋队的不满。作者用"长刀之夜"描述某些很有前途的项目夭折。——译者注

部分人参加了三四次这样的"项目结束"聚会，刚刚停产的产品蜡膜在此期间被付之一炬。他们最终决定离开诺基亚，去寻找更广阔的市场。

也有一些反例：当第三代（3G）网络即将面世时，诺基亚只需推出一款兼容手机即可。开发团队很清楚，即便某个 3G 手机项目夭折，它也会在改头换面后立即以某种新形式再度出现，而核心团队已经熟悉 3G 技术。

因此，项目产品以动画剧《南方公园》里的人物"肯尼"命名——肯尼每次都以最可怕的方式死亡，但总会在后面的剧集中复活，好像什么都没有发生过一样。

诺基亚股票的财务表现十分亮眼，另一个副作用随之而来：利润丰厚的早期员工持股计划建立在较低的增长预期基础上，但对保持长期业务重心帮助不大。当即将行权的期权可能带来 10 倍乃至 50 倍于年薪的收入时，保持股价上涨对许多人极具激励作用。这起码对必须做出的日常业务决策产生了潜意识的影响。

而这一切的结果是诺基亚紧抓主流和可靠的赚钱产品不放——只是时间似乎略久。就软件层面而言，诺基亚在智能手机领域最终败走麦城，一定程度上可以追溯到公司最初非常成功地进入这一领域。

诺基亚选择塞班操作系统作为新款智能手机产品线的基础。塞班脱胎于英国赛意昂公司开发的 EPOC 操作系统，最初针对个人数字助理的受限硬件进行优化。当时并无可以替代常规硬件的方案，因此 EPOC 似乎是唯一能满足诺基亚要求的操作系统。

遗憾的是，为应对技术层面普遍存在的局限性，EPOC 不得不"削足适履"，从而使应用开发环境受到诸多限制。EPOC 的设计目标是尽可能减少内存占用，导致编程模型严重受限，进而使应用开发成为布满"陷阱"的雷区。许多涉足移动软件开发领域的程序员因而产生了无尽的挫败感，因为大多数人都具备个人计算机或小型计算机的背景，而这两类计算机的环境更宽容，资源也更丰富。

与个人计算机软件不同，无法直接在智能手机上开发智能手机软件，必须采用交叉编译环境。而最初的塞班开发环境以过时的微软 Visual C++ 开发环境为基础，对移动开发并无帮助。身为 C++ 程序员，我确曾搭建了某种最早的塞班开发环境。而在所有从"传统"开发转向移动开发的程序员看来，塞班开发环境的用户体验极其糟糕。

但是，如果希望为崭露头角的智能手机开发应用，那么诺基亚巨大的市场渗透率几乎令塞班成为唯一的选择。为此，应用开发者咬紧牙关，根据市场需求编写程序。而在智能手机的早期发展阶段，塞班堪称"移动应用市场"的同义词。

相对而言，塞班的交叉开发环境确实发展迅速，且经过多年的发展越来越容易使用，但这种操作系统仍然存在许多实际的系统局限性。随着无线设备的实际硬件实现跨越式发展，这些固有的局限性开始引发其他问题。为解决实时处理、平台安全等方面的问题，塞班内核经过重要重写。这些重大更新破坏了版本之间的二进制兼容性，意味着现有应用无法在默认安装塞班新版本的硬件上运行。因此，如果最新设备希望运行所有已有的应用，开发者就必须另作调整。不必要的时间和精力投入阻碍了开发者为诺基亚智能手机构建多功能应用生态系统的努力。

类似的问题在苹果的 iOS 或谷歌的安卓开发环境中同样存在，但远没有已发布众多版本的塞班严重，这是因为底层技术的进步使如今的移动软件开发环境更接近主流编程范式。

诺基亚的研发部门非常了解塞班系统存在的固有局限性，也多次尝试迁移到基于 Linux 的操作系统。尽管诺基亚 N900（图8-4）等部分产品颇有前途，却从未得到最高管理层的首肯，而这种支持对于公司全面转型至关重要。由于市场的实际惯性，

图 8-4 诺基亚 N900

诺基亚继续在其主流智能手机中使用塞班系统，却从未给予那些使用 Linux 系统的设备以有力的支持。

诺基亚在制造性价比高、令人满意、耐用可靠的硬件方面表现出色，全球销量达到数亿部，但从未成功转型为一家真正以智能手机为导向的软件公司。

在诺基亚经历爆炸式增长的那些年中，首席执行官约尔马·奥利拉始终掌控全局。但当他不得不选择继任者时，公司最终开始走向没落。奥利拉没有任命富有远见的技术专家或经验丰富的营销大师担任一把手，而是选择了长期在诺基亚从事财务和法律工作的资深人士奥利—佩卡·卡拉斯沃。

遗憾的是，卡拉斯沃展现出的个人形象似乎与诺基亚实际产品希望传递给外界的尖端技术奇迹相去甚远。如果希望成为时尚科技领域的引领者，那么管理团队的形象至关重要——尽管卡拉斯沃曾多次在演讲中试图取笑这种明显的不协调。然而，彼时的竞争对手是由史蒂夫·乔布斯领导的苹果公司及其过于圆滑的产品，即便是善意的个人诋毁也无济于事。因为无论过去还是现在，苹果的产品都一样圆滑。

后来曾有报道称，卡拉斯沃对于自己是否适合担任首席执行官持保留态度。但无论将卡拉斯沃推上最高职位的实际目的何在，外界认为诺基亚的业务重心完全放在下个季度而非今后的移动世代——尽管公司拥有众多前途不可限量的研发项目。

诺基亚突然陷入进退维谷的境地。

由于预期销量与短期财务目标不符，创新产品和全面平台更新未能如愿得到最高管理层的支持。销售团队始终认为，现有产品线的销售预测在财务上更具可行性和可验证性，因此也在相应配置研发资源。这导致诺基亚缺乏具有开创性的新产品，而日益激烈的竞争以及越来越便宜的现成无线硬件平台迅速蚕食了现有产品线的利润。

竞争加剧主要归因于无线技术的商品化，外界的注意力因而从诺基亚在手机技术领域的卓越表现转移到设备整体附加值的卓越表现。这一根本性转变最初源自一个简单的事实，即高通公司等无线通信芯片制造商开始提供各自的"烹饪手册"，介绍如何制造手机乃至电路板设计实例，从而有助于以最少的早期经验创造出功能齐全的无线设备——诺基亚作为无线通信领域先行者所拥有的众多优势不复存在。

诺基亚的市场调研部门明确预测到基础无线硬件的商品化趋势，但公司未能将足够的注意力转移到业务的增值方面。因此，从设备实际销售中所获得的价值依然是主要的利润来源，而新一轮的激烈竞争正在以迅雷不及掩耳之势蚕食利润空间。

中国的发展是制造业和研发领域发生重大转变的绝佳范例。

2000 年前后，中国仅有少数几家刚刚起步的手机制造商，这些企业的名称颇具异国情调（比如"宁波波导"）。诺基亚在全球各地设有负责手机实际生产的工厂，所有工厂都能满足当地市场的需求。

如今，几乎所有面向大众市场的无线设备均由中国、越南或其他低成本国家的大量合同制造商生产，而某些最具创新性的智能手机新产品出自小米、华为等中国大型企业的研发部门。就连宁波波导这家早前制造寻呼机、1999 年才开始生产手机的企业，也在 2003 年至 2005 年间成为中国最大的手机供应商。

受到新兴的中国合同制造商冲击，诺基亚在全球各地构建的工厂网络一夜间成为昂贵的负担，甚至削弱了诺基亚极度精简的生产网络。

21 世纪初，在看似无限增长的同时，承平日久也催生出狂妄自大——部分人认为诺基亚的立场绝对正确。

例如，当苹果初次涉足智能手机领域时，时任诺基亚执行副总裁泰罗·奥扬佩雷对崭露头角的竞争对手不屑一顾：

库比蒂诺的那家水果公司。

毕竟，诺基亚已经根据自身经验得出结论，第一代 iPhone 的 GSM 数据速率无法令人满意。那么，何必要担心一款甚至不支持最新 3G 标准（诺基亚刚刚投入数十亿美元研发）的产品呢？公司认为，当技术发展成熟、最终有望带来数十亿美元的收入时，想必会有足够时间来发掘这棵潜在的新摇钱树。

但"差劲"的第一代 iPhone 很快被 iPhone 3G 所取代，谷歌也推出了众多基于安卓操作系统的廉价智能手机。对诺基亚而言，最糟糕的是，iPhone 和安卓手机都为应用开发者提供了简单的开发生态系统，而这些开发者来自那些拥有软件开发基因的公司。

接下来的故事世人皆知。

截至本书写作时，iPhone 刚满"10 周岁"。如今，虽然所有人都承认第一代 iPhone 性能欠佳（诺基亚当时也正确认识到这一点），但苹果从缺点中汲取教训，最终成为智能手机市场无可争议的王者。

诺基亚董事会并未对这一威胁其市场主导地位的新情况视而不见。他们认为，是时候再次对高层进行人事变动了。

出身微软的斯蒂芬·埃洛普接替卡拉斯沃担任诺基亚首席执行官，埃洛普立即宣布与前东家达成一项突破性的协议：为复兴诺基亚智能手机的应用开发生态系统并使其现代化，诺基亚今后的产品将改用微软"即将发布"的 Windows Phone 操作系统。

尽管诺基亚的智能手机生产存在一些众所周知的问题，上述举措仍然令研发团队深感震惊。诺基亚内部积累 10 年之久的智能手机操作系统研发经验毁于一旦，取而代之的是对未经验证的微软产品的盲目信任。彼时，没有一款正在销售的手机使用 Windows Phone 操作系统，因此诺基亚的行为只能看作放手一搏。

但市场完全容得下第三种能与苹果和谷歌一较高下的移动生态系统，所以诺基亚在全球范围内的营销影响力仍然毫发无损，仅此一点或许就能挽狂澜于既倒。诚然，最初的塞班系统同样难称完美，但微软毕竟是一家软件公司，对开发者生态系统的价值有着深刻的理解。

总而言之，这一重大战略调整能令市场信服，有助于诺基亚重回正轨。

然而，后来发生的事情令人完全无法理解：埃洛普公开宣布关闭诺基亚现有的智能手机产品线，而产品线中还有几款尚未发布、几乎已准备就绪的产品。

在基于 Windows Phone 的"新一代"产品甚至还未上市之际，这个举动完全不合逻辑。作为全新的高端市场解决方案，外界曾认为 Windows Phone 将逐步淘汰塞班。但一夜之间，这种操作系统成为诺基亚唯一的选择。

装有塞班系统的诺基亚手机销量大幅下滑，这并未使世界各地的商业专家感到惊讶——谁会购买一款被其制造商的首席执行官公开宣判死刑的产品呢？

"疯狂岁月"的后果成为绝佳的商学院案例研究材料：

当卡拉斯沃于 2006 年接任首席执行官时，诺基亚手机的市场份额为 48%；而在埃洛普离任时，诺基亚手机的市场份额已降至 15%。

当埃洛普将日渐萎缩的手机部门出售给微软时，"新"微软品牌智能手机的市场占有率已跌至个位数，微软最终在 2016 年关闭手机产品线。

不过从某种程度上说，这对于诺基亚最后的手机困局是个圆满的结局，因为微软耗资 72 亿美元收购诺基亚的手机业务，但仅仅两年后就宣告放弃。

如今，谷歌的安卓操作系统已成为使用最广泛的移动操作系统，这一事实对诞生于芬兰的诺基亚颇具讽刺意味：安卓系统以 Linux 为基础，而 Linux 出自科技界最知名的芬兰软件工程师林纳斯·托瓦兹之手。诺基亚是第一家进军智能手机大众市场的企业，它最初选择塞班作为其智能手机的操作系统，与 Linux 的机会窗口失之交臂。

尽管如此，诺基亚为何不愿利用 Linux 可能带来的巨大"本土"优势，是我在诺基亚工作期间一直无法理解的深层次谜团。甚至早在 iPad 面世前，诺基亚就在酝酿一款大屏幕平板计算机。但由于塞班系统的局限性，这个概念始终停留在原型阶段。开发团队曾请求在这一可能具有突破性的产品线中改用更强大、更合适的 Linux 操作系统，却遭到管理层一再否决。

诺基亚终于积极推动基于 Linux 的廉价手机上市，且功能齐全的样机已在公司内部进行测试。但斯蒂芬·埃洛普上任后，这个项目很快夭折。诺基亚的研发团队对此并不感到意外，因为在个人计算机领域，Linux 是唯一能真正威胁到微软的操作系统：Web 服务器、超级计算机以及日益发展壮大的云计算均使用 Linux 作为事实上的操作系统，而个人计算机仍然使用微软 Windows。随着 Windows Phone 的消亡，得益于安卓系统压倒性的市场份额，Linux 如今在移动领域也居于主导地位。

虽然在智能手机领域落败，但诺基亚作为一家企业得以延续，尽管目前在苹果面前相形见绌——在诺基亚所处的时代，它几乎成为计算史的一个注脚，曾有公司提出要收购诺基亚的全部股份。

纵观诺基亚的早期商业史，还有另一个隐现的"假如"：就在诺基亚 2110 取得历史性成功之前，爱立信曾有机会收购诺基亚。但爱立信董事会否决了收购要约，将手机领域的发言权拱手相让。爱立信后来与索尼合作，最终在 2011 年将合资企业的剩余股份出售给索尼。

如果这两笔交易能达成其中任何一笔，诺基亚和苹果的历史可能会大相径庭。诺基亚与爱立信之间的爱恨情仇还有一个有趣的转折，彰显出某一处置不当的事件如何彻底改变一家企业之后的发展方向。

2000 年前后，这两家北欧企业似乎有均等的机会从曲棍球棒效应中受益。但在 2000 年，飞利浦位于美国新墨西哥州一家为诺基亚和爱立信生产零部件的工厂失火，导致微芯片生产所需的超净制造工艺遭到污染。爱立信接受了飞利浦在一周内恢复生产的承诺，诺基亚的采购部门则立即启动后备计划，寻找兼容元件的替代制造商。

诺基亚很快发现难以找到完全兼容的替代品，因此研发部门调整产品，一方面使用飞利浦的原装零部件，一方面从日本制造商采购近似的替代品。

由于新墨西哥州的工厂无法如约恢复生产，爱立信的销售额下降4亿美元，诺基亚的销售额则同比增长45%。这一事件拉开了原本看似平等的两个竞争对手之间的距离，最终导致爱立信的手机部门分崩离析。

如今，诺基亚与爱立信的手机部门都不复存在，但诺基亚仍然是全球最大的蜂窝网络技术和服务提供商，这方面甚至超越了爱立信。更有意思的是，通过回归技术本源，诺基亚已经补全了整块无线技术拼图：在收购阿尔卡特—朗讯后，诺基亚将蜂窝网络的奠基者贝尔实验室纳入旗下。

而手机的故事仍在继续。

由前诺基亚员工创立的赫名迪公司已获准在产品中使用"诺基亚"这个名称——尽管从公司层面上说，赫名迪与诺基亚没有任何关系。与大多数智能手机企业一样，赫名迪将制造业务分包出去，而富士康科技集团正在打造"新诺基亚"。

这些新款诺基亚智能手机运行曾经被诺基亚拒之门外的原生安卓操作系统——长期供职于诺基亚的营销大师安西·万约基甚至表示，使用安卓系统就像"在寒冷的天气里尿裤子"一样糟糕。

事后看来，万约基或许比卡拉斯沃更适合担任首席执行官。他成为卡拉斯沃的继任者，也可能扭转诺基亚的颓势。我曾无数次聆听万约基的营销演讲，他的说服力给我留下了深刻印象。万约基在媒体面前的表现令人叹服，有时甚至能混淆视听，将新产品的明显缺点包装为优点——从某种意义上说，万约基拥有比肩乔布斯的"现实扭曲力场"⑥能力。在诺基亚管理层最初的"梦之队"中，只有万约基能将苹果的圆滑产品设计拒之门外，但他奢华的管理风格在诺基亚内部树敌甚多。

万约基在埃洛普受命担任首席执行官后辞职。在统治诺基亚多年的"梦之队"中，他是最后一位离开的成员。

对于继承"诺基亚"这个品牌的赫名迪来说，观察它能否从诺基亚前手机部门的废墟上浴火重生颇为有趣。截至本书写作时，赫名迪的第一批产品刚刚上市；在如今竞争激烈的安卓智能手机市场上，目前尚不清楚赫名迪的产品能引起多大反响。外界曾认为诺基亚的部分早期产品坚不可摧，赫名迪是否符合这一形象仍然有待观察。

新款诺基亚5（图 8-5）的用户体验令我十分满意，祝赫名迪好运。

诺基亚的手机故事余音未了。在快节奏、残酷无情的全球竞争中，几个糟糕的决定就能使无可争议的技术王者迅速蜕变为仅在授权方面还有部分价值的历史符号。

图 8-5 赫名迪推出的诺基亚 5

---

⑥ 现实扭曲力场（reality distortion field）最初是形容史蒂夫·乔布斯气场的一种说法，意指通过极其出众的口才和人格魅力达到说服其他人的目的。——译者注

A Brief History of Everything Wireless

09
美国之道

HOW
INVISIBLE WAVES
HAVE CHANGED
THE WORLD

全球移动通信系统（GSM）首先在欧洲、继而在全球大获成功，引起美国科技公司的些许焦虑。尽管美国已全面建成第一代模拟网络，但是向数字网络的重大转变似乎一夜间出现在其他地区：基于 GSM 的网络发展速度惊人，在首次商业化实施仅仅 5 年后，已有 103 个国家部署了 GSM 网络。

美国向数字网络迁移的历史则大相径庭，主要归因于覆盖全美的第一代模拟网络推出后取得了巨大成功。虽然第一代高级移动电话系统（AMPS）网络的容量迅速饱和，但它几乎覆盖了美国所有地区。无论以哪种标准衡量——实际覆盖的区域或在相对较短的时间内实现全覆盖——这都是一项令人印象深刻的成就。新一代数字网络要想达到类似的水平，所需的硬件和资金投入将极其巨大。

向数字网络的迁移既要分阶段进行，也要与现有的模拟网络共存，所以运营商需要能同时支持模拟 AMPS 网络与新一代数字网络的手机。因此，为美国市场量身定制的模拟/数字混合手机在过渡时期必不可少。

既有数字电路、又有模拟电路不仅会增加手机的复杂性并提高成本，起初也难以从全球数字蜂窝网络激增所带来的全球规模经济中获益。结果，美国这个最活跃的移动技术开拓者似乎突然受困于早期取得的成功。

作为最早的模拟系统之一，AMPS 受到所有常见问题的困扰。它易受干扰，时常掉话，易被窃听，也容易成为用户克隆的目标——攻击者在传输过程中拦截未加密的用户信息，并利用这些信息初始化另一部手机，而使用克隆手机通话产生的所有费用将由原手机的用户支付。

应对克隆攻击需要采用某些非常复杂的措施。例如，网络必须通过实际的无线电接口获取用户手机型号的部分特征，以区分由不同制造商生产、试图使用同一种克隆身份的另一部手机。但这种措施只不过是权宜之计，有时会造成误报，导致完全合法的用户无法访问网络。

首先提出手机概念的国家受困于这些问题，似乎正在败给一项新的欧洲数字标准。更糟糕的是，GSM 并非出自某家创新公司之手，而是由欧洲电信标准组织制定的混合标准，并得到政府的大力支持。

GSM 不仅诞生于美国之外，它的出现似乎也完全有违外界对创新应该如何在资本主义市场运作的预期标准。

然而，随着 AMPS 网络日趋饱和，第一代网络难以为继，必须开始逐步转向数字网络。首先，为最大限度兼容已有的 AMPS 网络，美国开发了数字高级移动电话系统（D-AMPS），使用与 AMPS 相同的频段。虽然在现有的模拟用户中加入数字用户可以实现"软升级"，但人们很快发现，这种措施也非长久之计。

接下来发生的事情非比寻常且极其危险：

为推动美国国内技术进步，促进本土企业加快数字移动通信技术的研发，美国市场最终成为 4 种不同蜂窝技术的试验田。

第一种由美国自主开发、不兼容 AMPS 的标准诞生于西海岸。美国运营商太平洋电信向圣迭戈的高通公司投入巨资，这家起步不久的公司提出了一项称为码分多址（CDMA）的新标准提案。

CDMA 采用军用快速跳频方案，正式名称为扩频。这项技术的抗干扰能力更强，而且从理论上说，CDMA 能更有效地利用分配给蜂窝电话使用的宝贵频谱资源。

事实证明，在远距离传输中，CDMA 可以更好地抵御多径传播干扰：传输信号不仅直接到达接收天线，也会因多径干扰而经由各种障碍物（如山脉、大型水体或高层建筑）的反射到达接收天线。这与嘲讽美国彩色电视标准 NTSC 的缩写"颜色从来不同"并无二致。

另一个值得注意的改进之处在于，CDMA 采用更稳健的方式实现了基站之间的必要切换，即手机保持与两个基站的连接，直到进行可以验证的可靠切换。这种软切换功能有助于减少蜂窝边缘的掉话次数，因此就网络实施的某些关键细节而言，CDMA 的性能在一定程度上优于 GSM。

唯一的障碍是高通缺乏资金来证明 CDMA 的概念可行。但太平洋电信提供的初期投资很快解决了这个问题，这家加利福尼亚州的运营商正在竭力应对迅速增长的客户群。双方的合作使高通得以迅速推进现场测试，美国第一个 CDMA 商用网络于 1996 年投入运行。

CDMA 在世界各地积极推广，在美国之外也受到青睐。实际上，中国香港的和记电讯先于太平洋电信几个月推出了全球第一个 CDMA 商用网络。

在接下来的几年中，CDMA 得到少数几个国家（尤其是韩国）的支持。韩国之所以选择 CDMA，在很大程度上是出于政治方面的考虑，因为韩国财阀（大型企业集团）在政治上拥有很强的话语权：接受 GSM 意味着韩国网络的所有硬件都将来自现有供应商，最起码会迫使本国制造商支付高额专利费。因此通过支持 CDMA，韩国将注意力转向这一正在发展的新标准，期待能积极参与其中。

相较于世界其他地区，本土技术的蓬勃发展最初延缓了美国向数字化过渡的进程。同一地理区域内存在 4 种不同的标准，导致大量功能重叠且互不兼容的基础设施建设、支离破碎的网络、价格更高的手机以及众多互操作性问题。

但竞争从根本上有利于技术发展，某些有趣的新功能从众多标准中脱颖而出。集成数字增强型网络（iDEN）是体现美国独创性应用的一个绝佳范例，这项颇具竞争力的网络技术支持所谓的即按即通（又称"一键通"）操作，从另一个角度扩展了用户体验：用户按下按钮，稍等片刻，听到提示端到端语音信道启用的嘟嘟声后说出想说的话，声音将立即传至对方手机。

没有振铃，没有应答，直接连接。

iDEN 与传统对讲机的工作原理并无二致，但适用范围扩展至整个国家。事实证明，这种功能对某些特定用户群体非常有用。iDEN 的成功得到普遍认可，业界甚至尝试更新 GSM 以期在手机之间实现这种快速连接。然而，尽管诺基亚曾推出一款支持 iDEN 的手机，这种功能却从未普及开来。部分原因在于技术的固有局限性，导致 GSM 版的灵活性远逊于最初的 iDEN 版——GSM 的网络逻辑根本没有为端到端连接提供这种轻量级的通断激活，而为了实现最佳的即按即通操作，还有大量基本问题亟待解决。

但更重要的因素或许在于运营商的态度冷淡，因为提供"全球对讲机"功能可能会蚕食宝贵的漫游收益。运营商已有短消息业务（SMS），这种基于文本的即时消息业务可以产生巨额利润（每比特成本数据收入堪称天文数字），当用户在其他国家漫游时更是如此。既然如此，为什么还要增加一种虽然更简单、但可能导致收入大幅下滑的即时通信方式呢？

我记得在诺基亚一次关于即按即通系统的特别销售会议上，讨论的焦点很快转向运营商的短信收入：运营商从身在海外的用户发送的文本消息中获利，但如果网络提供即按即通功能，则可能侵蚀利润丰厚的短信收益。因此，虽然诺基亚的实验室中不乏各种最新的小发明，但即按即通功能尚未问世便已夭折。

在很多情况下，制造商与运营商的利益紧密相关。10 多年后，WhatsApp 这个局外者终于发掘出这一全球短信金矿。

WhatsApp 甚至通过即时语音邮件的形式提供类似于对讲机的音频消息功能，支持用户之间轻松共享图片，运营商驱动的多媒体消息业务（MMS）则从未做到这一点。

总之，俗称"彩信"的多媒体消息业务或许是 GSM 最大的败笔。事实证明，短信在大多数情况下都是非常可靠的通信渠道（即便通过不同国家的运营商收发短信也是如此），而彩信支离破碎且极不可靠，因此从未真正取得成功。

事后看来，彩信恰好处于传统、面向电信、定制化的业务与面向移动数据的通用业务的交界地带——而且是在门槛的错误一侧。

WhatsApp 不仅为昂贵的国际短信和彩信用例提供了解决之道，而且凭借近年来出现的零成本、基于移动数据的音频通话，WhatsApp 正在对现有运营商的核心业务构成真正的一站式威胁。

就音频连接而言，这种纯粹基于数据的解决方案早已有之，Skype 便是一例。但 WhatsApp 将这一概念提升到新的高度，其日活跃用户量达到 10 亿。第 10 章将深入探讨这种纯粹由数据驱动的连接技术。

鼎盛时期的 iDEN 为某些用户群提供了强大的功能，但它未能跟上竞争平台的发展脚步，最终于 2013 年停止服务。

美国并未忽视 GSM 带来的巨大规模经济，第一种基于 GSM 的网络于 1996 年投入运行。在目前使用最广泛的前四大标准中，GSM 是唯一号称拥有内置全球漫游功能的标准。对美国这样一个高度发达、国际联网的国家来说，全球漫游变得越来越重要。

只有一个问题——很大的一个问题。

全球大多数 GSM 运营商的网络使用 900 MHz 和 1800 MHz 两个频段传输数据，手机也相应支持这两个频段。但二者在部分国家已另作他用，因此必须改用 850 MHz 和 1900 MHz 两个频段。北美是使用 850/1900 MHz GSM 网络的最大市场。

在手机发展的初期，实现多个频段代价不菲。因此不同市场销售的手机看似相同，实则使用不同的有效频段。由于这个原因，即便 GSM 运营商已签订漫游协议，允许身处其他国家的用户保留自己的电话号码，但除非用户手机支持所在国家使用的频段，否则仍然无法漫游。

迅速增长的用户令最初分配给 GSM 的单一频段不堪重负，面向各自目标市场的新一代双频手机致力于解决这个问题，不过这种跨系统功能还停留在纸面上——欧洲的 900/1800 MHz GSM 双频手机无法接入美国的 850/1900 MHz GSM 双频网络，反之亦然。

以颇具传奇色彩的诺基亚 2110 为例，在北美销售的版本称为诺基亚 2190，使用北美的 GSM 频段。尽管 2190 完全兼容美国的 GSM 网络，却无法在美国之外接入其他任何 GSM 网络。

但是，由于 GSM 支持用户信息与手机的分离，用户可以将 SIM 卡从购自欧洲、亚洲或澳大利亚的手机中取出，然后装入使用北美频段的手机中。从第 8 章的讨论可知，用户的电话号码和全球连接会自动导入新手机。如果通讯录储存在 SIM 卡中，那么使用手机就像在自己国家一样方便。

随着无线电电路的成本越来越低，手机支持的频段也在增加，由于各国频段不同导致"无法使用自己手机漫游"的问题最终得到解决。

除少数几种最初的 900/1900 MHz 混合解决方案外，之后出现了三频设备，其中第三种频段设计用于洲际漫游。例如，北美的三频手机支持 850/1800/1900 MHz 频段，在其他"传统"的 GSM 地区漫游时可以使用 1800 MHz 频段。

后来面世的全四频设备能在全球范围内提供最佳的网络可用性。四频设备出现后，用户在世界任何地区使用手机的唯一限制在于本国运营商是否与目的国运营商签有漫游协议。此外，漫游费往往高得离谱，运营商的收入因而显著增加，所以各大运营商已就全面的全球漫游协议达成一致。

在某些情况下仍然需要专门激活账户的漫游功能，但许多运营商默认启用该功能，这也是用户手机在飞机抵达目的地后就能正常工作的原因。

呼叫者自然不可能知道被叫者实际上身处其他国家，所以被叫者必须为国际通话支付额外的漫游费。在实践中，真正限制漫游应用的因素在于用户是否愿意承担这种额外便利的成本。

对某些不知情或倒霉的漫游用户而言，度假期间猛增的电话费无疑为晚间新闻的人性化故事提供了极好的素材。但归根结底，自动国际漫游确实堪称划时代的进步，对奔走于世界各地的企业家如此，对偶尔出行的游客亦如此。

GSM 对漫游的支持在欧洲尤其重要，因为用户很容易在一天之内跨越 3 个不同的国家，使用 10 家甚至更多运营商提供的服务。

如果用户的本国运营商签有全面漫游协议，手机就能自动选择目的国的多家运营商。在漫游过程中，一旦某家运营商的覆盖区域出现"漏洞"，用户手机将无缝切换到另一家信号质量更好的运营商。因此，相较于绑定到单一运营商的本地用户，在其他国家漫游的用户可能会获得更好的信号覆盖。

为减少过高的漫游费，前面提到的 SIM 卡可移植性自然能双向起效：如果用户希望从使用本地运营商带来的低成本中获益（而非使用订阅的漫游功能），可以购买一张本地预付费 SIM 卡并插入当前的手机，从而为手机提供一个全新的本地身份。

使用本地运营商提供的服务有助于最大限度降低本地通话的成本。最重要的是，移动数据费用只占漫游数据费用的一小部分，因此用户现在能以更低的成本在 Instagram 和 Facebook 上发布度假时拍摄的照片，作为向朋友炫耀的资本。

如果使用特殊的双 SIM 卡手机，那么在保留本国电话号码的同时，还能通过本地运营商的 SIM 卡（插在第二个插槽）导入所有数据流量。虽然往往要花些时间进行配置，但考虑到因此而节省的成本，这种不便也是值得的。

部分积极的发展举措令上述优化在某些情况下变得不甚重要。例如，2017 年生效的一项欧洲联盟新法案取消了域内漫游费 [1]，从而使欧盟用户更接近美国和巴西等国用户已享受多年的便利。

---

[1] 指 2017 年 6 月生效的第 2017/920 号法案（Regulation (EU) 2017/920）。根据该法案的规定，在欧盟成员国内拨打电话、收发信息或使用手机上网按用户所在国移动运营商资费标准支付，无需再支付漫游费用。——译者注

抛开漫游费不谈，移动电话计费还有一个根本性差异：大多数国家通过新区号区分手机号码与座机号码，因此呼叫者对拨打手机号码会产生更高费用始终了然于心。

相比之下，某些国家（特别是美国和加拿大）的手机号码分散在现有的区号空间中。用户并不十分清楚所拨的号码属于座机还是手机，因此拨打或接听电话时产生的所有额外费用必须由手机账户的所有者承担。

由于资费标准方面这种细微但极其显著的差异，美国许多早期的手机用户选择关机，仅在必须拨打电话或收到语音邮件的寻呼消息时才开机。

正因为如此，尽管客户群增长迅速，美国手机的通话时间利用率最初却落后于其他国家。美国用户使用寻呼机的时间在全球也遥遥领先。其他国家实行不同的资费标准，用户因而可以保持手机一直开机，GSM 已有的短信业务也使寻呼机退出历史舞台。

为加快市场开拓的步伐，美国手机运营商对补贴账户的推广不遗余力：用户在购买新手机时无须支付费用（或支付一小笔费用），运营商将通过收取较高的月费收回实际成本。

为确保用户不能通过混用并匹配不同运营商提供的各种优惠来滥用补贴政策，手机仅限于使用运营商最初分配的 SIM 卡。补贴政策不仅能显著降低用户拥有手机的初期成本，也有助于运营商加速开拓市场——否则用户将不得不为解锁手机支付大笔费用。

发展中国家的手机用户激增，以 SIM 卡锁定为基础的手机成本补贴政策是主要推动因素，因为大多数潜在用户无力全款购买手机。

SIM 卡锁定并未影响其可移植性，甚至某些高级用户也难以理解个中缘由。实际上，运营商只关心用户账单显示的通话时间（来自分配的 SIM 卡账户），用户使用哪种手机无关紧要。

这一点从下面的例子中可见一斑。

我在诺基亚工作期间曾致力于与某家企业达成合作协议，并带来几部最新款诺基亚手机作为礼物赠与合作团队。起初，我很难说服对方确实可以从他们的锁定设备中取出 SIM 卡并装入新手机——手机使用不会受到任何影响，运营商也不会暴跳如雷。但事实证明，优秀的新产品总能脱颖而出，一群快乐的用户很快开始对全新的诺基亚 8890 赞不绝口。凭借其光滑、酷似打火机的造型设计，这款手机又被称为"之宝"[②]。

诺基亚 8890 并非三频 GSM 手机，而是一款特殊的混合早期产品，这种"世界版"手机主要面向偶尔需要前往美国的欧洲和亚洲高端用户。8890 采用独特的 900/1800 MHz 频段组合，在传统的 GSM 网络与美国城市地区都能获得良好的覆盖。

诺基亚 8890"世界版"与诺基亚 8850 900/1800 MHz 版唯一的显著区别，在于前者配有收缩式天线，而后者仅使用内置天线。彼时，内置天线技术的性能尚无法媲美传统的外置天线。这一显著差异基本可以概括出 21 世纪初美国第二代网络的预期质量。

––––––––––––––––––––

[②] 著名的打火机品牌（Zippo）。——译者注

美国幅员辽阔，期望通过新一代数字覆盖来取代 AMPS 网络并非易事，而构建第一层 GSM 网络时仅考虑到户外覆盖。

我在 2000 年到访美国得克萨斯州达拉斯时发现，为使用我那部 1900 MHz 手机打电话，我必须站在大楼"正确"一侧的窗户旁——当地人称之为"手机侧"。

当时，甚至城外不少主干道也没有信号覆盖。

在使用 GSM 手机漫游的用户看来，当时的美国与欧洲、甚至与亚洲农村之间的覆盖差异都很明显。但从某种程度上说，这与美国用户的体验有所不同，因为大多数在美国本土销售的第二代设备不仅支持数字网络，也内置有模拟 AMPS 后备模式，以便在漫游的 GSM 手机无法接入数字覆盖网络时使用。

2000 年前后，移动市场已完全实现全球化，漫游在许多用户看来已习以为常。即便是美国这样一个庞大且自给自足的市场，也难以忽视 GSM 在全球范围内取得的成功及其互操作性。

CDMA 具备若干技术方面的优势，但无法提供所有 GSM 用户都自动拥有的国际互操作性。CDMA 最大的失策是将用户信息集成在手机中，而非像 GSM 那样作为可拆卸的独立模块存在。此外，在满足各国关于频率和运营商定制化功能方面，高通表现得十分灵活。起初，这种应对之道使公司在部分国家拿到了利润丰厚的销售合同，但也令整个 CDMA 市场极端碎片化。

而在网络实现方面，无论是多家供应商之间的激烈竞争，抑或大规模、同质化的 GSM 网络部署，都确保了系统规范得到严格遵守，因而很快消除了提供网络覆盖的基站组件中存在的主要错误。相较于 GSM，CDMA 在整体稳健性方面略逊一筹，需要更多微调和维护才能保证网络处于最佳运行状态。

全球范围内部署了大量基于 CDMA 的网络，其总体市场份额高达 20% 左右。在不断扩大的市场中，CDMA 很难与 GSM 的规模经济一较高下。在 CDMA 必须与现有 GSM 网络争夺同一客户群的国家中，这一点尤其突出。

Vivo 便是一例，它是巴西唯一部署 CDMA 网络的运营商，而其他三大运营商 Oi、蒂姆移动与克拉罗电信均使用 GSM 网络并从中受益。之所以如此，是因为三家运营商可以在 GSM 网络中销售几乎相同的手机，这种由相同设备构成的大众市场使得手机单价降低。而对于希望或需要出国旅行的用户来说，Vivo 手机不支持国际漫游成为主要的负面因素——此类用户往往拥有大量可支配收入，他们是运营商梦寐以求的客户。

因此，尽管已经为一个面积相当于美国的国家提供蜂窝覆盖，Vivo 仍然决定从网络中淘汰所有 CDMA 设备，代之以 GSM。这一代价高昂的转型始于 2006 年，也使 Vivo 稳步走上即将到来的第三代（3G）升级之路。事实证明转型相当成功，Vivo 如今已成为巴西最大的电信运营商。

这种转型的另一个有趣之处在于，Vivo 最初使用 850/1900 MHz 频段，而其他竞争对手使用 900/1800 MHz 频段，巴西因此成为目前世界上同时使用所有 4 个 GSM 频段的最大市场。交叉使用可用频率是普遍现象，很容易产生意想不到的干扰问题。为消除干扰，巴西运营商不得不将严重拥塞地区的部分频谱列入黑名单。尽管 CDMA 的部分功能在某些情况下的确有上佳表现，但强大的规模经济以及漫游功能缺失削弱了这项技术的国际影响力。

与此同时，随着全球用户数量呈现爆炸式增长，GSM 也成为自身成功的牺牲品：悄然逼近的容量限制导致从现有网络中再难榨取出更多容量。

另一方面，现有的 CDMA 网络也面临完全相同的问题，尤以美国为甚。由于用户数量激增，两种第二代系统如今都面临与第一代系统同样的问题，只是规模要大得多，因为全球手机用户的数量是以十亿计而非百万计的。

这个问题也不再只和语音通话有关：移动数据属于全新且增长迅速的"必备"功能，而 GSM 从未针对数据流量进行优化。

作为第一种数字解决方案，GSM 的开拓者地位正受到挑战。多年的运营实践与深入研究表明，尽管 GSM 在全球范围内取得了无与伦比的成功，但未能以最有效的方式利用有限的无线电频谱。相较于 CDMA，GSM 更容易受到某些干扰以及掉话的影响。

正因为如此，当业界最终开始讨论第三代系统时，CDMA 技术的发明者高通公司已跃跃欲试。高通拥有若干经过市场检验、在 3G 争夺战中极具价值的技术改进方案，公司热切希望尽可能利用之前积累的经验获利。

从移动语音到移动数据的下一场革命即将开始。

A Brief History
of Everything
Wireless

10
口袋网络

与手机数字革命同步进行的另一项技术发展，当属互联网的大规模应用。

运营商主要关心如何优化网络性能，以便更好地为日渐增多的语音通话用户服务。与此同时，数字网络的一项新功能开始崭露头角，这就是移动数据连接。

毕竟，既然网络已经可以传输数字化音频数据，为什么不能传输通用的数字数据呢？短消息业务（SMS）功能出现后，用户已习惯于在移动中即时、可靠地交换基于文本的消息，一些巧妙的应用甚至利用短信信道作为手机与后端服务之间的数据连接。

短信是全球移动通信系统（GSM）标准后来增加的一项业务，使用控制协议中"空闲"的可用带宽。运营商对一种几乎可以免费实现的功能明码标价，多年来已从中赚取了数十亿美元的利润。

在 GSM 中加入成熟的数据功能是后见之明。早期的蜂窝技术专注于重复固网电话的体验，唯一的区别在于利用电子技术进步带来的新功能增强这种体验。之所以如此，是因为在电信领域当时的参与者看来，语音数据和其他数据流量截然不同。

但从根本上说，任何数据转换为数字形式后，所有数据传输都只是比特流——语音数据和其他数字数据的区别仅在于预期的实时性能有所不同。彼时，大多数面向数据的网络并不支持不同数据类之间的服务质量分离或流量优先级，因此第二代（2G）网络将语音和数据流量的实现作为两种完全独立的功能处理。

在 2G 革命的早期，通常利用声学调制解调器接入互联网。这种调制解调器将数据流量转换为不同频率的音频信号，然后经由普通的电话连接传输至另一端，再转换回数字数据。从系统的角度看，数据信道实际上是普通的点对点音频通话，因此用户也要按连接时间而非使用的数据量付费。

电路交换数据（CSD）是 GSM 最早支持的数据实现，它在成本方面遵循相同的原则。类似的业务在某些 1G 网络中已经存在，因此"拿来主义"合乎逻辑：工程师只需将已有的工作模型以同样的步骤复制到移动领域，直到 2G 网络面世。

GSM CSD 支持的数据速率只有令人沮丧的 9.6 kbit/s 或 14.4 kbit/s，具体取决于所用频段。如前所述，即便没有通过网络传输任何数据，用户也要按连接时间付费。因此，考虑到移动通话的低速度和高收费，就每字节成本而言，CSD 是一项非常糟糕的业务。

尽管 CSD 并不理想，但它确实可以在移动中提供通用的数据连接。对某些用户来说，这又是向前迈出的重要一步：无论速度多慢、费用多高，能在旅途中收发电子邮件已是很大进步。

高速电路交换数据（HSCSD）对 CSD 加以改进，通过为每个用户分配更多时隙将数据速率提高到 57.6 kbit/s。虽然 HSCSD 的速度与现有的声学调制解调器旗鼓相当，但是从网络的角度看，一个主要问题随之出现：HSCSD 为每个用户静态分配 8 个时隙，会严重影响蜂窝中可用的无线总容量。由于这个原因，在预计同时拥有大量手机用户的内陆城市，实现全速 HSCSD 连接几无可能。这种应用至今仍然非常罕见，以至于运营商更愿意在语音用户数量不断增加时优化其网络。

只有采用更好的技术才能真正扩大移动数据的应用范围，人们为此开发了通常称为"2.5G"的通用分组无线业务（GPRS）。GPRS 是 GSM 的第一种重要的数据扩展，在 2000 年前后投入使用。

GPRS 采用分组交换数据模型，与已有的固定数据网络标准相同。如果用户在移动账户中激活 GPRS 移动数据功能，则会话期间不再需要分配专用数据信道，也不必按分钟支付信道使用费。有别于固定、昂贵、总是觉得时间紧迫的会话，GPRS 令用户有种"始终在网上"的感觉，且只需根据实际收发的数据量付费。

GPRS 堪称观念上的重大转变，因为手机现在可以一直运行应用，仅在需要时使用数据信道且无须用户持续介入。

在 GPRS 出现之前，如果用户希望通过 CSD 连接收发电子邮件，则必须专门向邮件提供商发起数据调用以同步本地邮件缓冲区。处理过程枯燥乏味且往往成本高昂，很多时候的结果只是自上一次同步会话以来没有收到新邮件。因此用户不会频繁进行同步操作，从而可能遗漏部分实际上在会话之间收到的时敏邮件。

得益于 GPRS 及其后继标准，邮件应用可以在后台重复轮询邮件服务器，并在收到新邮件时下载和通知用户。从 Facebook 到 WhatsApp，这种持续连接的基本范式转换是如今几乎所有移动应用的核心功能，导致我们的生活不断受到异步信息的干扰。

常言道，有得必有失。

GPRS 的速度提升仍然归因于使用多个时隙，但不必像 HSCSD 那样在整个连接期间分配这些时隙。通信链路的实际瞬时数据传输速度随基站当前负载的变化而动态变化：GPRS 的理论承诺速率达到 171 kbit/s，不过实际中很难实现。与固定网速相比，最佳条件下的 GPRS 也慢得出奇，但仍然 3 倍于 HSCSD 的最高速率。

2003 年面世的增强型数据速率 GSM 演进技术（EDGE）被誉为"2.75G"。从这项技术的命名不难看出，工程师们竭力使缩写看起来更时髦。

EDGE 通过在现有时隙内更新调制方式来改进带宽。换言之，更高的数据速率并未占用更多带宽，只是以更有效的方式利用现有的无线电资源。EDGE 的最高承诺数据速率为 384 kbit/s，仍然远低于当时的固定网速。而且与 GPRS 一样，EDGE 的速度也取决于基站的当前负载。

上述第二代移动数据网络的数据速率较低且往往变化很大。遗憾的是，速度并非导致用户体验不佳的唯一因素。

我们先来梳理一下互联网浏览的过程。

常见的网页浏览基于超文本标记语言（HTML）协议，它是一种简单的查询 – 响应模式，通过一系列重复查询服务器的操作加载网页的不同部分。首先，浏览器根据用户选择的下载地址加载页面的核心内容；接下来，浏览器查找页面的其他所有引用（如图片或对外部广告的引用），继续通过其他查询加载每个引用。

这种遍历页面其余引用的过程将持续进行，直到下载最初请求的页面的完整内容，因此需要加载的数据总量取决于页面的整体复杂性，完成上述过程所需的总时间与可用的数据传输速度成正比。

除此之外，其他所有查询 – 响应必须从用户设备发往世界某个角落的服务器后再返回，而用户设备到服务器的实际距离将增加每次往返的时延。在最佳条件下，如果用户位于链路质量较好的城市环境且靠近数据源，那么数据每次往返可能只要额外花费 0.02 秒，这意味着即便是复杂的网页也只需一两秒时间就能全部加载完成。然而，如果用户位于链路质量较差的偏远地区且远离所连接的服务器，那么每次查询 – 响应就要多花 0.5 秒甚至更久。

更复杂的是，"远"的定义完全取决于所连接的网络基础设施的拓扑，与实际距离无关。例如，我在撰写这一章时位于巴西马瑙斯，这座城市与英国伦敦的直线距离接近 8000 千米。而马瑙斯仅与工业化程度较高的巴西南部地区有唯一的数据连接，从巴西发往欧洲的数据分组需要首先路由到美国。

因此，如果我从玛瑙斯访问一台位于伦敦的服务器，那么数据分组将首先向南到达 2800 千米之外的里约热内卢，继续跋涉 7700 千米到达纽约，再传输 5500 千米到达伦敦。换言之，8000 千米的直线距离现已翻番达到 1.6 万千米，这样一次往返大约需要 0.3 秒到 0.5 秒，与沿途动态变化的网络负载有关。

上述时延无法避免，完全取决于用户连接的基础设施。部分原因在于光速的物理极限，光速也会限制电子或光子通过数据网络的速度。但是，大多数时延归因于数据分组传输产生的开销，因为这些数据分组需要经过马瑙斯（用户所在位置）和伦敦（网页源）之间的所有路由器。

在本例中，大约 0.11 秒的往返时间由物理定律决定，因为对每个查询—响应往返而言，数据分组的实际传输距离是两个 1.6 万千米。

但更重要的是，数据分组在马瑙斯与伦敦之间传输时需要经过 30 个不同的路由器，所有路由器都要花费很短时间决定数据分组下一步的去向。

数据路由和数据传输的总时延被称为延迟。本例是就有线网络而言，这是最理想的情况。如果使用移动数据网络，那么还存在其他延迟，因为实现空中接口 ① 也会增加收发数据的时延。

在 2G 中，每个查询的处理时间很容易达到 1 秒，远远超过上述不可避免的时延。因此，如果正在加载的网页包含大量子查询，用户就能明显感觉到固定网络与第二代移动网络之间的性能差异。由于这个原因，如果希望提供更好的数据体验，那么移动数据网络的进一步发展不仅关乎数据连接速度，也关乎减少系统引起的延迟。

---

① 空中接口（air interface）是移动设备与基站之间的传输规范，定义了频率、带宽、编码技术等信息。——译者注

就可用的数据速率而言，EDGE 的速度远远超出通过移动网络传输数字化音频（作为纯数据）的需要。尽管延迟与服务质量缺失的问题仍然存在，不过 EDGE 完全可以在数据域实现高质量音频连接。这种 IP 语音（VoIP）业务的质量尚无法媲美专用的数字语音信道，但由于数据连接的改进以及可实现的数据速率，似乎不必再将音频视作特殊的数字数据并与其他类型的数据分开。

尽管 2G 尚未遇到这个问题，运营商却已开始对下一代系统的改进计划忧心忡忡，担心自己成为纯粹的比特管道——如果移动数据发展到具有低延迟和可预测的服务质量的程度，那么所有新兴企业都可能开展 VoIP 业务，这些业务仅使用运营商的数据网络作为数据载体。在最糟糕的情况下，已经为网络基础设施投入数亿美元的运营商将最终沦落到为新来者传输数据分组的地步；而用户只会寻求价格最低的数据连接，从而引发逐底竞争[②] 并导致运营商收入锐减。

目前，随着高速、高质量的第四代（4G）数据网络的发展，加之 WhatsApp 等新晋玩家热切渴望参与其中，上述威胁正在成为现实。观察运营商的反应颇为有趣。部分运营商认为这是大势所趋，并积极致力于为客户打造"质量最好、成本最低的比特管道"，其他从语音业务中获利甚多的运营商则在寻找这种转变的应对之道。

在目前固定价格的每月套餐中，手机通话时长、移动数据量与短信数量均有固定限制。有趣的是，部分运营商已将 Facebook 和

---

② 逐底竞争（race to the bottom）是一个政治经济学概念，指在全球化进程中，发展中国家通过牺牲环境、削减福利等方式吸引外资，以促进本国经济增长。——译者注

WhatsApp 等特定的数据流量纳入无限制的附加服务。WhatsApp 现在同时支持语音和视频通话，且语音质量在很多情况下似乎优于完全压缩的移动语音信道，因此为此类相互竞争的功能大开绿灯似乎有悖常理。

而在 2G 发展的早期阶段，这种可能具有开创性意义、向无所不包的数据流量的范式转换仍很遥远，运营商还有其他问题需要考虑。

除速度和延迟外，手机屏幕与用户在固定互联网中习惯使用的屏幕相去甚远。更糟糕的是，手机的处理能力和内存容量远逊于个人计算机。

不过，哪里有需求，哪里就有供给。

运营商意识到，实现易用的移动数据流量将成为又一个利润丰厚的收入来源，且必须突破现有便携式硬件的局限才能吸引用户。与其支持正在使用的复杂 HTML 协议（它过去是、目前仍然是所有网页浏览的基础），不如使用更有限的一组页面管理命令。

日本 NTT DOCOMO 公司于 1999 年推出 i 模式，这种简化版移动互联网业务首次出现在世人面前（图 10-1）。尽管拥有先发优势并迅速扩展到 17 个国家，但这项标准最终未能在日本以外取得成功。i 模式的失败一定程度上归因于诺基亚的冷淡态度，因为它与诺基亚围绕无线应用协议（WAP）所做的移动数据布局存在直接竞争。

图 10-1 NTT DoCoMo 在日本的销售点

1999 年，诺基亚首席执行官约尔马·奥利拉在《连线》杂志封面承诺"口袋网络"，而 WAP 是实现这个目标的第一步。这类华而不实的承诺经由媒体大肆宣传，有时会出现在最令人意外的场合：在美国情景喜剧《老友记》的某一集中，菲比坐在中央公园咖啡馆的沙发上阅读那本特别的《连线》杂志，封面上奥利拉先生的照片清晰可见。

这种对流行文化的渗透表明，诺基亚已成为移动市场无可争议的"800 磅大猩猩"[③]，毫不犹豫地利用其强势地位来决定行业的发展方向。应付主流市场存在的众多差异已令诺基亚的研发部门焦头烂额，而在产品线中加入 i 模式只会使局面更加混乱。正因为如此，诺基亚并未向 i 模式手机投入太多资源。

由于这个原因，所有 i 模式的早期用户只能被迫使用亚洲制造商生产的手机。而丰富多彩的玩具式策略虽然适用于日本和其他少数几个亚洲市场，却无法很好地复制到世界其他地区。日本另外两大运营商选择 WAP 同样对 i 模式有所打击，以至诺基亚没有充分理由为这项标准投入太多精力。直到 6 年后，诺基亚在新加坡市场推出支持 i 模式的诺基亚 N70，才与这项标准产生了短暂的交集。彼时，在新兴移动数据革命的冲击下，i 模式和 WAP 都已迅速过时。

与此同时，WAP 历经一系列渐进式改进。以 WAP 推送为例，这项技术可以在发生异步事件（如收到电子邮件）时通知手机；由于手机无须主动重复轮询，用户体验得以明显改善。为增加手机销量和网络收入，设备制造商与运营商围绕 WAP 展开大规模的营销活动。

---

③ "800 磅大猩猩"（800-pound gorilla）通常用来形容某人或某家企业非常强大，行事时可以为所欲为。——译者注

遗憾的是，实际业务从来没有达到预期效果。因为运营商通常充当所有 WAP 内容的守护者，竭力将用户与"真正"的互联网隔离开来。运营商希望最大限度榨取所提供内容的价值，并将内容完全置于自己的掌控之下。对内容开发者而言，这种新的障碍迫使他们不得不进入运营商有意设置的围墙花园 ④。

i 模式在日本取得的成功推动了围墙花园理念的发展。i 模式的增值业务受到 NTT DOCOMO 的严格控制，而 NTT DOCOMO 赚取的巨额利润向其他运营商证明，类似的方法也可用于 WAP。WAP 围墙花园处于运营商的掌控之下，这意味着内容提供方的每笔交易都要与运营方单独协商，而无法沿袭固定互联网的做法，简单地将内容"放到网上"供用户访问。正因为如此，可用的 WAP 服务往往非常分散——如果用户转投其他运营商，那么竞争对手提供的增值业务将大相径庭。

当然，部分运营商从中发现了另一个好处：在某些情况下能阻止不满意的用户更换运营商。

尽管速度慢、屏幕小令人懊恼，用户还是向移动互联网迈出了第一步。而推出这些往往非常简单的业务，再次为运营商提供了全新的收入来源。爱立信是手机和网络设备的早期供应商之一，公司非常明确地将 WAP 称为"移动互联网的催化剂"。事后看来，i 模式与 WAP 都不可或缺且无法跳过。二者的目标仅仅是从当时非常严格的技术限制中榨取出最大价值，使用户为即将到来的移动数据革命做好准

---

④ 围墙花园（walled garden）将用户限制在特定范围内，用户只能访问指定的网络服务和内容。运营商或企业建立围墙花园主要出于商业利益考虑：引导用户访问自己或合作伙伴的资源，避免或减少访问竞争对手的资源。——译者注

备——在不远的将来，预期的技术进步可以预测到这场革命。

WAP 时代也确实令少数早期的应用开发公司在一夜间暴富，但并非归因于产品的实际收入。最突出的例子是围绕"WAP 热潮"的大肆炒作，它属于更广泛的"互联网热潮"，席卷了与互联网有关的几乎所有领域。这种炒作推动 WAP 相关企业的股票价值一路飙升，然后再次暴跌。这一幕与 20 世纪初的"广播热潮"颇为类似，只是在这些公司短暂的寿命中，出现了若干人所共知的过度放纵。

芬兰的 WAP 应用开发商 WAPit 与移动娱乐公司 Riot-E 就是此类企业的代表，二者为 2000 年前后的高风险投资提供了简短但教训深刻的反面教材。存在仅两年的 Riot-E 烧掉大约 2500 万美元，没有一分钱来自公司创始人。

在手机中加入 WAP 功能对制造商和运营商颇为有利，因为它可以加快手机更新换代的速度，从而维持销量。尽管可用的 WAP 功能有限，但只要能在旅途中随时收发电子邮件，就足以说服许多用户购买一款全新的 WAP 手机了。

A Brief History
of Everything
Wireless

11
蓬勃发展

随着移动数据崭露头角，基本的语音应用也在急剧增长，日益增加的负载使现有的第二代（2G）网络开始趋于饱和。

历史正在重演。

现有频段已无法容纳更多容量，改进的数据处理与显示功能对移动数据业务的需求越来越高。随着各种无线数据业务开始激增，移动语音连接不再是唯一的选择。

唯有再一次代际变化才能摆脱当前限制，因此人们开始关注制造商实验室的新进展，并结合从无线领域获得的所有经验教训，着手推进第三代（3G）解决方案的研发。

参与标准化工作的科学家和工程师都是立场非常客观的核心专业人士，他们努力为当前的任务寻找最佳解决方案。但是，这项工作涉及众多企业的根本利益，因为无论哪家企业将自己的设计纳入新标准，都能从今后的专利授权中获得不菲的经济利益。

为求得平衡，标准化工作尝试以改进的新方式将最佳理念纳入新标准，从而以最小的成本影响为现有专利带来收益。然而，那些效率最高、预算最充足的企业研究部门其实也在推动这项工作，为研究团队的新提案申请专利，从而确保在今后的专利授权中占有一席之地。

美国"自由市场"试验结出的硕果之一，是码分多址（CDMA）技术已在美国拥有可观和稳定的用户基础。尽管 GSM 大获成功，但实践已经证明，采用 CDMA 技术可以获得某些理论上的改进。CDMA有自己的演进路径，这就是 CDMA 2000 数据优化演进（EV-DO）。业界视其为下一代 CDMA，并积极推广给网络中使用 CDMA 技术的运营商。

与此同时，GSM 专利持有者痛苦地发现，如果不进行大的调整，GSM 很难升级到 3G，因为较早入局的 GSM 不可避免地存在一些仍有优化空间的问题。

各方需要共同努力以寻求解决之道，避免美国 2G 的碎片化情况再次出现。为此，CDMA 的发明者高通、最大的 GSM 专利持有者（包括诺基亚和爱立信）以及无线领域其他活跃企业开始共同制定下一代标准。

在谈判期间，相互竞争的无线技术公司为工程师和律师团队包下酒店整个楼层。当尘埃落定时，一份汇集了各种技术方向精华的提案已经出炉。

这一共同成果的正式名称为宽带码分多址（WCDMA），主要的专利持有者高通占有最大份额，诺基亚、爱立信与摩托罗拉紧随其后。除保留 SIM 卡的灵活性以及 GSM 对互操作性和非专有网元的要求外，

WCDMA 还将 CDMA 技术所做的部分基础技术性改进纳入其中。

因此，虽然 CDMA 未能在全球范围内大放异彩，但它成功将空中接口纳入全球 3G 标准。这是高通的重大胜利，公司借此成为如今知名的通信与计算硬件公司：2000 年前后，高通的收入约为 30 亿美元，15 年后超过 250 亿美元，复合年均增长率接近 20%。近年来，技术授权业务始终是高通最大的收入来源。

就在本书付印前，总部位于新加坡的博通公司 ① 主动提出以 1300 亿美元的价格收购高通（包括现有债务）。这是有史以来规模最大的科技收购要约，但被高通董事会以出价"过低"为由拒绝。随后，美国政府最终以国家安全为由否决了更高的报价。

在过去 20 年中，无线通信产业如何通过有效利用电磁波谱创造出巨大的价值，由此可见一斑。

同样，尽管诺基亚不再生产手机，但根据 2011 年签署、2017 年续签的一项协议，由于拥有蜂窝技术的基本专利，公司仍然能从每部售出的 iPhone 中获得一笔金额固定的专利费。虽然具体细节并未公之于众，但每年售出的数亿台设备是诺基亚的主要收入来源之一：根据公司专利授权部门的统计，2015 年，苹果与其他许可持有方贡献的收入约为 10 亿美元；而在 2017 年续签协议时，诺基亚据称额外获得了一笔 20 亿美元的一次性付款。

---

① 博通是一家总部位于加利福尼亚州圣何塞的美国公司，安华高科技完成对博通的收购后曾将总部迁往新加坡。但为了收购高通，博通于 2017 年再次将总部迁回美国。——译者注

凡此种种，新的专利战始终层出不穷也就不足为奇了。

然而，专利纠纷在某些情况下似乎停留在截然不同的层面：作为手机业务的后起之秀，苹果目前占有最大的市场份额，但公司并无任何重要的必要专利，因此不受公平合理非歧视（FRAND）原则的约束。根据 FRAND 原则，现有的专利所有者自愿在标准制定组织中交叉授权其标准必要专利[②]，以便降低成本。

苹果手握"圆角"以及其他技术含量较低的设计专利，而非那些关乎手机实际操作的必要专利。以"滑动解锁"为例，这项专利的灵感实际上来自历史悠久的栓锁，但复制这一基本概念最终导致三星在 2017 年支付了 1.2 亿美元的赔偿金。

相较于其他许多无线技术开拓者持有的必要专利，苹果的应对之道显然很简单，但效果似乎不错：截至本书写作时，苹果宣布公司的现金储备达到 2500 亿美元，且刚刚斥资 50 亿美元建设了位于美国库比蒂诺的"飞碟"新总部，这是有史以来造价最高的办公大楼（图 11-1）。

图 11-1 苹果公司新总部航拍图

---

② 标准必要专利（standard-essential patent）指达到某种国际标准、国家标准或行业标准的要求而必须使用的专利，在技术或商业层面具有不可替代性。例如，截至 2019 年 10 月，中国的 5G 标准必要专利数量位居全球第一。——译者注

　　与网络功能的每一次代际变化类似，对于即将到来的升级，网络硬件制造商试图从预计出现的新功能中找出令人兴奋的新用例。3G 备受推崇的一点是支持视频通话，所有早期的营销材料都对这个功能赞赏有加。但实际的市场研究很快指出，视频通话并非用户真正期待的功能。

　　快速的移动数据？不错。视频通话？未必。

　　向新一代无线通信技术的过渡代价不菲，网络设备制造商因而对未来前景有些担忧。但事实最终证明，市场很容易接受 3G，因为对运营商而言，2G 最大的问题在于人口稠密地区的网络严重饱和。

　　尽管迪克·特雷西的视频通话 [③] 颇具未来主义色彩，但最终销声匿迹——3G 的主要卖点仍然是优质的老式语音服务。一切都是为了使网络容量能匹配不断增长的用户需求。虽然 3G 优点众多，但经过改进的移动语音容量才是维持更新周期的关键。此外，3G 改进了连接所用的加密方式：计算能力的发展使原有的 2G 加密技术日益过时；而通过配置 2G 基站，还能在用户没有察觉的情况下禁用加密。

　　虽然在全球范围内实现互操作性的 3G 发展之路已经明确，但中国仍在致力于自有标准的研究。作为一个拥有近 15 亿用户的庞大市场，中国可以随心所欲制定自己的发展策略。为支持自有技术的研究并减少支付给 WCDMA 专利所有者的费用，中国要求国有运营商中国移动采用国产 3G 标准。这项不那么朗朗上口的标准称为时分－同步码

---

③ 迪克·特雷西（Dick Tracy）是美国漫画《至尊神探》的主人公，他有一块配有屏幕和内置摄像头的"智能手表"，可以进行视频通话。这块高科技手表于 1946 年首次出现在漫画中，堪称如今智能手表的前身。——译者注

分多址（TD-SCDMA），发布时仍然采用标准的 GSM 作为辅助层以
实现向后兼容。

截至本书写作时，中国移动已成为全球最大的电信运营商，用户
数量达到 8.5 亿。因此，尽管 TD-SCDMA 标准从未走出国门，但中
国庞大的用户基数足以支持极为活跃的手机和基站发展。

3G 承诺提供更高的数据速率。自这项技术面世以来，数据传输
速度已历经一系列改进。但由于各种功能的实现和调整具有很大的
灵活性，因此不同运营商提供的数据速率相去甚远。另一个重要目
标是减少无线空中接口的额外延迟——3G 可以将延迟缩短至 0.1 秒
到 0.5 秒。

3G 的发展并未止步不前。

过去几年来，拜长期演进技术（LTE）所赐，4G 系统的发展非
常迅速。相较于基本的 3G，4G 致力于将实际的数据速率提高 5 倍左右。
此外，4G 的上传速度显著提高，这意味着现在使用智能手机发送数据
（如数字图片）比 3G 要快得多。

相较于从 2G 到 3G 的演进，LTE 的演进更加平滑，因此许多运
营商称其为“4G LTE”，以便更贴切地描述实际提供的服务。继 TD-
SCDMA 标准后，中国移动还推出了分时长期演进（TD-LTE）标准。

一段时间以来，外界视全球微波接入互操作性（WiMAX）标准
为 LTE 的潜在竞争对手，其历史可以追溯到由韩国开发、2006 年投
入使用的无线宽带（WiBro）网络。

为推动 WiMAX 的发展，三星与英特尔携手合作，避免英特尔完全错过核心处理器业务的移动革命。

移动硬件领域的新王者是总部位于英国剑桥的安谋控股（ARM）。ARM 在计算机芯片制造规范方面独树一帜，公司本身不生产低功耗 / 高性能处理器，而是将设计授权给苹果、高通乃至英特尔等制造商使用，这些制造商最终在 2016 年获得 ARM 架构授权。对 ARM 而言，无须投资建设昂贵的半导体制造厂可谓卓有成效：2016 年，日本软银集团以 300 多亿美元的价格收购了 ARM 75% 的股份，意味着这家成立 26 年的公司平均每年的增长超过 15 亿美元。

尽管 WiMAX 得到三星和英特尔等业界巨头的力挺，但规模经济并不支持这项先前没有明显用户基础的高速无线标准。例如，美国最知名的运营商斯普林特最初计划采用双模式 EV-DO 和 WiMAX 构建网络基础设施，但最终放弃并转而选择 LTE。

但是，WiMAX 仍然作为一项技术存在且发展良好，某些特殊部署采用 WiMAX 以取代固定互联网连接。

随着速度和容量不断提高，LTE 如今已对固定互联网连接构成严重威胁。推出这种有线替代品为运营商提供了颇具说服力的商业案例，因为维护固定互联网的电缆成本极高，在电缆铺设路径较长且雷暴频发的农村地区尤其如此。由于这个原因，采用无线 4G LTE 调制解调器替换大量铜缆可以显著降低预期的长期维护成本。

当然，对没有固定互联网基础设施的新兴市场而言，LTE 能在短时间内向数百万潜在用户提供快速数据访问。换言之，一个国家的电信基础设施可以在一年内从零发展到最高水平，而这种跨越式发展对于经济增长潜力巨大。

除非由于某种原因需要 100 Mbit/s 甚至更高的数据速率，否则 4G LTE 应该足以令那些全天沉迷于视频流的城市用户满意。随着 LTE 网络的普及，有线向无线的过渡在全球范围内越来越快。

例如，我将父母使用的农村固定互联网连接升级为基于 LTE 的连接，速度从上行 500 kbit/s、下行 2 Mbit/s 提高到上行 5 Mbit/s、下行 30 Mbit/s，而费用仅为先前固定连接的一半。这是少数几项人人满意的举措之一：运营商舍弃容易出错、长达几千米的铜缆连接（已两次遭到雷暴损毁），而客户感到服务质量明显改善，服务成本也有所降低。

LTE 网络的一项重大改进当属系统架构演进（SAE），它不仅可以显著缩短延迟，也能简化网络后端的结构。SAE 使 3G 标准中各种网元的结构趋于扁平化，处理发送和接收数据分组所需的开销因而减少。由于延迟降至 0.1 秒以下，即便是在线游戏，4G LTE 也能提供良好的体验。

无线技术的发展仍在继续。

随着电子电路的改进以及处理器速度的提高，无线通信使用的频段越来越高，以便为数据提供更多带宽。

从 2019 年开始小规模部署的第五代（5G）系统致力于进一步缩短延迟，其数据速率 10 倍于当前的 4G LTE 网络。可用的数据传输速度将达到吉比特每秒（Gbit/s）的水平，达到或超过常见的家庭固定连接速度。

频率越高，可供使用的调制技术越多。5G 的速度之所以更快，正是因为采用更高的频段（最初计划使用 24 GHz 到 28 GHz）传输数据。5G 有望首次实现在单一频率上支持全双工流量的惊人之举，从而使可用的网络容量增加一倍。

目前，部分 LTE 实现采用多输入多输出（MIMO）智能天线解决方案。这项新兴技术支持动态波束成形，能以电子方式改变天线方向图以匹配无线链路另一端的观测方向，从而将发送信号完全聚焦到有效方向。如果基站和手机都采用这项技术，则链路两端会产生高能"信号泡"，从而减少干扰并扩大覆盖范围，还可能使用更严格的频率复用方案。只要更有效地复用相同频率，单个基站就可以同时处理更多连接，无须在严重拥塞的地区安装更多基站。

5G 的标准演进路径如下：2018 年年初，诺基亚发布新的 ReefShark 5G 芯片组，预计可为单个基站提供高达 6 Tbit/s 的吞吐量。对比 2017 年在美国休斯敦举行的"超级碗"橄榄球年度冠军赛，当时整座体育场的数据流量仅为 6 Tbit/s 的百分之一。

新一代芯片组支持的 MIMO 技术可以减小天线结构的尺寸，而相较于传统的解决方案，天线的功耗降低了 66%。

推动 5G 发展的因素同样在于降低无线连接的整体功耗，以便低功耗智能设备直接与现有的 5G 网络相连。

总而言之，5G 的演进之路将成为又一个真正的代际变化，预示着从固定互联网向无线互联网的重大转变。2017 年，最终用户 70% 与互联网有关的活动通过无线设备完成，这场翻天覆地的变革始于 18

年前名不见经传的 i 模式。

昔日的"移动互联网"正在转变为"互联网"。

自从早期的火花隙技术出现以来，世界已沧海桑田。但是，如果马可尼、赫兹或特斯拉身处我们这个时代，他们都能毫不费力地理解最新、最伟大的蜂窝网络背后的原理。这项技术虽已实现跨越式发展，其基本概念仍保持不变。

所有发展仍然遵循常规途径：人们制定新协议，使用极其昂贵、往往笨重的专用初级硬件测试这些协议，并在问题解决后设计新一代专用微芯片，从而为消费者定价的便携式产品铺平道路。将多种功能集成在一块微芯片中有助于降低成本和功耗，从而推动技术达到真正大众市场产品所需的价格点。

此外，如果一块微芯片支持 GPS、Wi-Fi、蓝牙等多种无线技术，那么通过优化这些并行操作背后的共享逻辑就能避免各种干扰和定时问题。软件定义无线电能显著加快了无线电频谱的应用。

浏览朋友和同事在看似美妙、毫无烦恼的假期中通过 Instagram 发布的照片令人焦虑，而得益于无线技术的不断进步，我们可以使用智能手机流畅地观看"每日猫咪视频"，从而在一定程度上缓解自己的焦虑情绪。

所有应用的频率可用性是最后一个限制因素。如前所述，频段是一种有限的资源，受到各国的严格监管。制定 3G 标准时既重复使用了已经分配给手机的部分频谱，也新增了若干尚未使用的更高频段。

之所以如此，一定程度上是因为能使用更高频段传输数据的硬件曾经造价不菲，但得益于电子技术的进步，这些硬件的价格已降至可以负担的水平。

新频段的使用方式在世界各地不尽相同。一些国家只是将它们分配给本地运营商，另一些国家则抓住"接入无线电波"的新契机，开放特殊的频谱拍卖让运营商参与竞争。

在许多情况下，这些拍卖的疯狂令人咋舌。例如，德国政府从无线电频谱拍卖中获利超过500亿美元，英国政府则有近340亿美元入账。频谱拍卖给英国运营商留下严重的后遗症，因为所有投入都属于沉没成本[④]，购买并部署3G基础设施所需的资金并未包括在内。

遗憾的是，这种"政府榨取"的影响可能产生长期的负面后果：英国国家基础设施委员会在2016年年底进行的一项研究表明，英国最新的4G LTE网络与阿尔巴尼亚和秘鲁的水平相当——而这两个国家还需要应付复杂的山区地形。因此，虽然政府可以通过出售频谱有效缓解日益紧张的财政状况，但最终会导致新服务的部署速度放慢。

另一方面，政府制定的政策并非总是遭人诟病。推动运营商内部竞争的主要因素是法律要求，运营商不得不允许用户在转投竞争对手时保留现有的手机号码。所有主要市场目前都已照此办理，而潜在的客户流失率（转投竞争对手的用户数量）令运营商不敢掉以轻心，将用户利益置于优先地位。

---

④ 沉没成本（sunk cost）指已经付出且不可收回的成本。它是过去支付的金额，与未来的决策无关。——译者注

由于可用频率有限，需要停用老旧服务以释放现有频段。从第 5 章的讨论可知，推动模拟电视向数字电视过渡的主要因素在于将之前用于电视广播的频率释放给新的应用。

相当一部分电视频谱恰好与现有的手机频段相邻，人们希望使用这些频谱进一步增加可用的移动通信容量。对资金捉襟见肘的各国政府而言，频谱拍卖（3G 部署的一部分）带来的潜在价值不言自明。

2017 年年初，美国宣布拍卖重新分配的电视频谱。老牌移动运营商 T 移动拔得头筹，而另外两个赢家康卡斯特和迪什网络属于有线电视、卫星电视与互联网连接提供商，二者以截然不同的身份进军无线领域。截至本书写作时，T 移动已宣布将使用拍卖所得的频谱来改善农村地区的连接。

上述频谱拍卖表明，这种疯狂竞争似乎有增无减。以美国为例，运营商为这些新频段支付的总金额接近 200 亿美元。尽管新频段有助于扩展可用的无线服务，但用户最终将以某种形式承担巨额的拍卖费用。

除频谱拍卖外，并非所有电视频道随时随地都在使用，这一事实也令无线通信受益。已经分配但没有使用的电视频道称为空白频段，这些非活动频道可以用于非授权无线互联网接入，不过用户需要查询动态变化的地理定位数据库。

地理定位数据库规定了可以在特定时间和特定区域重新使用哪些频率。这种数据库最初设计用于美国、英国与加拿大，这些国家也部署了首批使用空白频段的设备。

　　采用空白频段的技术被冠以"超级 Wi-Fi"的时尚名称，但它与第 12 章讨论的实际 Wi-Fi 标准相去甚远 [5]。就速度而言，超级 Wi-Fi 一点也不比 Wi-Fi"超级"：现有的最高数据速率为 26 Mbit/s，同样低于 4G LTE 和 WiMAX。然而，对于居住在人烟稀少地区、没有其他途径访问互联网的用户来说，超级 Wi-Fi 提供了一种合理的上网选择。单个超级 Wi-Fi 基站使用低于其他通信标准的频率，覆盖范围更大，因此部署成本比其他竞争标准更低。

　　空白频段的概念很好地诠释出如何结合现代数据处理、用户的地理定位信息以及无线技术来创造新服务，而现有的频率分配缺乏弹性，实现这些服务力有未逮。通过动态复用在任何给定时间都没有使用的电视频道，可以充分利用有限的无线频谱资源，最终用户以及乐于支持这类细分市场的服务提供商都将因此而受益。

　　拜计算机技术的发展所赐，对改善带宽的不懈追求推动无线通信继续向更高频率发展。与此同时，得益于数字技术的进步或时间和空间方面的"多路复用"，过时的频率重获生机。正如计算机的速度和容量一样，无线通信领域无论取得何种进展，都将在最初部署后的几年中得到充分利用。

---

　　⑤ 超级 Wi-Fi（Super Wi-Fi）指闲置的空白频谱，而 Wi-Fi 指无线局域网技术，二者实际上并无关联。Wi-Fi 联盟早在 2012 年就建议尽量避免使用"超级 Wi-Fi"一词，因为这个由美国联邦通信委员会创造的术语很容易让用户感到困惑，误认为它是另一种 Wi-Fi 技术。——译者注

A Brief History
of Everything
Wireless

12
甜蜜之家

—

水具有一些特殊的性质，但在日常生活中，我们对水习以为常。水是少数几种固态比液态占据更多空间的化学物质之一。这意味着冰会浮在水面上，饮料中的冰块因而看起来更加赏心悦目。

水还有一种违反常理的物理性质：水在4℃时密度最大，刚好高于冰点 [1]。因此，水体会自上而下（而不是自下而上）冻结——如果冰层下所有快乐游动的鱼儿能停下来略加思考，想必都会对这一点赞赏有加。从化学式"H_2O"可以看出，水分子由两个氢原子和一个氧原子构成，它同样会发生电极化。水分子类似于磁铁，也有正负极之分。

雷神公司的雷达工程师珀西·斯潘塞负责制造和安装微波传输系统，他偶然发现水分子极化能产生有益的连带效果。1945年，斯潘塞在试验一种名为磁控管的新型大功率小体积微波发射器时感到一阵刺痛，后来发现口袋里的花生酱糖果棒已经融化。他对这种现象感到惊讶，进一步尝试将包括玉米粒在内的其他食物直接放在磁控管前。当爆米

---

① 水在4摄氏度时达到密度极值的原因，一直以来没有定论。2018年，日本东京大学教授滨口宏夫领导的研究团队认为，纳米冰（nano-ice）可能是导致这一反常现象的原因。——译者注

花出现的那一刻，斯潘塞领悟到微波热效应的潜力所在。

雷神公司在一年后推出全球首款微波炉，一种烹饪和加热食物的新方法由此诞生。微波炉实际上只是一种装在金属保护外壳里的大功率微波发射器，随着时间的推移，它已走入千家万户，深受世界各地众多单身汉的青睐——他们经常使用微波炉加热昨晚的剩饭。

微波的神奇归因于水分子的固有极性。当处于电磁场中时，水分子现有的极性会跟随电场的极性而相应变化：分子的正极转向电场的负极，分子的负极转向电场的正极。微波炉磁控管产生的强电磁场通常以 2.45 GHz 的频率振荡，即电场方向每秒会发生 24.5 亿次变化。不断旋转的电场迫使水分子同步振荡并反复改变方向，从而与相邻的水分子产生摩擦——人们对摩擦生热现象并不陌生。

如果物质（如披萨）内部含有水分子，那么摩擦会在很小的局部区域内产生热量，使周围的食物升温。因此，微波炉可以加热任何含有一定水分的物质。

玻璃、陶瓷与塑料不含水分子，只能通过微波加热材料产生的辐射和热传导使其升温。而金属会导致强磁场短路并产生火花，所以不要将杯身带有漂亮金属蚀刻图案的精致茶杯放入微波炉，以免损坏——从宜家家居购买的廉价陶瓷杯则无妨。

活体组织同样不行——用毛巾好好擦拭浑身湿透的宠物猫，不要放入微波炉烘干。

当微波能量深入到暴露在微波中的物质时，物质并非如依靠热传导的传统烤箱那样首先从表面升温，而是在整个过程中更均匀地升温，通常借助旋转托盘来抵消磁控管产生的电磁场的固定模式。

如果水分子可以自由移动（即水是液态的），则微波热效应最佳，这也是使用微波炉加热冷冻食品需要更长时间的原因。在这种情况下，应将微波炉设置为爆裂模式，以便爆裂之间的物质内部能形成微小水滴。大多数微波炉内置除霜功能的原因就在于此。

脂肪、糖等分子与水分子的性质相同但极化较弱，虽然也能通过微波炉加热，但加热效果远不及水分子。

微波辐射的符号成为无数阴谋论的温床。在某些人看来，微波辐射与核辐射似乎都是不祥的代名词，即便采用昵称"用微波加热"来描述微波炉使用也无济于事。好在微波与放射性无关——在微波加热过程中，热量是导致食物发生变化的唯一原因。当磁控管停止运行时，水分子的剧烈运动也随之停止，只留下因快速旋转的电磁场而加剧的残余热振动。再次强调，使用微波加热食物时发生的唯一变化在于产生的额外热量。热量过多会破坏食物中的维生素含量（就像长时间烹饪或煎炸食物那样），而微波炉加热食物的速度更快，结果往往相反——相较于传统的烹饪方法，经过"微波加热"的食物更可口。

在任何情况下都不存在放射性过程那样的电离辐射，受激分子的原子结构始终保持完整。

微波炉或许是现代无线电技术最简单的应用：只需一个以 2.45 GHz 频率传输非调制信号的磁控管，并将波束聚焦在马上要吃掉的那块披萨即可。发射器封装在金属容器中，其结构能确保微波不会从微波炉泄漏出去。

从本质上说，微波炉使用的磁控管与商用微波无线电链路和卫星发射机使用的磁控管并无二致。卫星发射机将娱乐节目传输给卫星电视接收机的抛物面天线，因此无论是收看最新一集《权力的游戏》还是品尝爆米花，背后的技术原理都完全相同。

微波炉的工作频率为 2.45 GHz，该频率属于供"全民免费"使用的工业、科学和医疗（ISM）频段。但是与不少关于微波的解释不同，水分子与 2.45 GHz 并非特别"契合"，因为 1 GHz 和 100 GHz 之间的几乎所有频率都能激发水分子振荡。各方之所以同意微波炉使用 ISM 频段，只是因为这段电磁波谱比较适合微波炉应用。

只要调低功率并采用合适的调制技术，同样的 ISM 频段也适用于提供短距离高速无线连接。就在 20 年前，如果计算机需要建立数据连接，还必须通过固定电缆连接到附近已有的数据网络。但一个显而易见的问题在于，除精通计算机的用户外，普通用户通常不会在家中安装固定的数据网络。

当连接多台计算设备的需求开始出现时，为每台设备逐一提供有线连接显然过于繁琐且成本高昂。特别是在全便携式膝上计算机[②]逐渐成为常态后，访问互联网时仍然要采用有线方式连接到数据调制解调器。这种额外的不便削弱了膝上计算机的主要优势，因为用户本可以在任何地点使用由电池供电的膝上计算机。正因为如此，无线数据连接的飞速发展也就不足为奇了。科学家开始研究电缆连接的替代方

---

② 膝上计算机（laptop computer）是一种便携式计算机，因可以放在膝盖上操作而得名，俗称"笔记本电脑"。——译者注

案，这种方案的速度至少不输于电缆连接，但采用无线方式传输数据。

外界将始于 2.4 GHz 的 ISM 频段视为实现这一目标的不二之选。使用低功率传输数据时，ISM 频段能提供相当高的带宽且覆盖范围有限，这两个因素有利于面向本地化数据的低移动性应用。

然而，这个方向的最初发展体现在更基础的层面。Wi-Fi 的历史可以追溯到美国夏威夷大学在 1971 年利用 ALOHA 网络连接夏威夷群岛的实验。这种网络将数据流分解为若干数据分组，支持多个参与者协作共享传输信道。因此，外界将 ALOHA 网络视为 Wi-Fi 的前身，它对众多基于分组的协议也有重要贡献。

事实证明，ALOHA 网络可以支持基于分组的共享介质功能，同样的技术也适用于利用 ISM 频段传输数据的短距离解决方案。

1988 年，NCR 公司推出了 WaveLAN。作为第一种无线解决方案，WaveLAN 最初旨在以无线方式连接多台现金出纳机——这并不奇怪，因为 "NCR" 是公司早期名称 "全美现金出纳机公司" 的缩写。虽然 WaveLAN 是 NCR 的专有网络解决方案，但 NCR 将其授权给多家独立的制造商。WaveLAN 因此成为首个投入商业使用的通用无线网络解决方案，从多家制造商购买设备成为现实。WaveLAN 的成功促使电子产品制造商开发出支持空中接口的专用微芯片，从而显著降低了无线技术的成本。

大多数 WaveLAN 实现部署在 2.4 GHz ISM 频段，但使用 900 MHz 频段传输数据同样可行。NCR 后来将研究成果贡献给 802.11 工作组。自此之后，802.11 工作组始终致力于推动 Wi-Fi 协议的发展。

20 世纪 90 年代，由澳大利亚工程师约翰·奥沙利文领导的一个团队在 Wi-Fi 技术的理论研究方面取得突破。奥沙利文团队最初的研究方向是射电天文学，但这项不相关的研究揭示出无线通信技术的发展潜力。在澳大利亚联邦科学与工业研究组织的资助下，奥沙利文团队取得一系列专利，这些专利奠定了如今高速 Wi-Fi 技术的基础。2012 年，奥利沙文及其团队因在无线通信领域的开创性工作而荣获欧洲发明家奖，奥利沙文也被外界誉为"Wi-Fi 之父"。

1997 年，802.11 工作组在几经修改后发布首个 Wi-Fi 标准，并非常人性化地命名为"802.11"。802.11 原始标准支持的最高数据速率为 2 Mbit/s，虽然速度与 WaveLAN 不相上下，但物理层和数据链路层均经过重新设计。与专有的 WaveLAN 不同，802.11 属于开放标准。两年后，原始标准进行第一次升级，使用同样符合逻辑的名称"802.11b"。802.11b 标准的最高数据速率显著提高，达到 11 Mbit/s。

早期的无线网络实现受制于互操作性问题。为此，活跃在无线领域的一批企业于 1999 年组建无线以太网兼容性联盟（WECA），致力于确保设备之间的兼容性。虽然各种 802.11 标准继续沿用"802.11"命名规则，但 WECA 将这一无线连接技术统称为"Wi-Fi"（图 12-1），该组织也在 2002 年更名为 Wi-Fi 联盟。

图 12-1 Wi-Fi 徽标

如今，"Wi-Fi"一词以及相关徽标在所有提供 Wi-Fi 接入的场所已司空见惯。我们也可以采用历史更久远、专业性更强的术语"无线局域网"来描述以 802.11 标准为基础的无线解决方案。

与所有无线电技术一样，只要使用匹配的接收机就能接收 Wi-Fi 信号。在大多数情况下，Wi-Fi 网络用户不希望以明文传输信息，因此较早的 WaveLAN 版本内置有基本的加密设置。但 WaveLAN 加密很容易遭到破解，促使制定 802.11 原始标准的专家致力于提高无线传输的安全性。1997 年，名为有线等效加密（WEP）的加密技术问世：要想连接到经过 WEP 加密的 Wi-Fi 网络，仅仅知道网络标识符还不够，必须输入正确的加密密钥。

遗憾的是，人们在 2001 年就已发现 WEP 的安全性无法媲美有线网络。研究表明，只要使用某些创造性的欺骗手段，就能从活动网络中收集到足够的信息，进而获取正在使用的加密密钥。最糟糕的是，这个过程可以完全自动化进行。如果网络流量很大，只需几分钟即可完成破解。

为弥补 WEP 存在的安全漏洞，Wi-Fi 联盟于 2003 年发布安全性更高的全新协议 Wi-Fi 保护接入（WPA），略作修改后推出了目前广泛使用的 Wi-Fi 保护接入第 2 版（WPA2）。截至本书写作时，实践中只能通过所谓的蛮力法破解 WPA2 协议，即通过依次尝试所有可能的密码以找出网络使用的密码。采用蛮力法破解复杂且足够长的 WPA2 密码极为耗时，因此无法对安全构成真正威胁。

WPA2 并非固若金汤。在保护无线网络 14 年之后，WPA2 终将败于聪明的黑客之手。

首先，2017 年年底的一项研究表明，由于 802.11r 标准存在缺陷，破解 WPA2 不再是天方夜谭。（对办公环境中启用 WPA2 的大型 Wi-Fi 网络而言，802.11r 标准有助于保护客户设备在小区之间漫游时的安全。）

这仍属极端特例，WPA2 本可以不受影响。但 2018 年年初公开的一种方法披露，访问 WPA2 网络中的数据分组不再是困难。尽管依然无法破解网络密码，不过通过巧妙地滥用协议本身，经由网络传输的任何数据都可能暴露给攻击者。

虽然无线设备制造商迅速更新软件以堵住新出现的安全漏洞，但这一事件很好地提醒人们，所有无线设备都可能遭到窃听，因此应该使用多重加密以最大限度降低风险。

目前，外界正在热切期待新一代 WPA 成为主流：Wi-Fi 保护接入第 3 版（WPA3）是 WPA 安全机制的重大升级，Wi-Fi 接入点以及与之相连的客户设备都要相应调整。与此同时，WPA2 仍然是保护无线网络的最佳选择，无线设备应该始终采用 WPA2 作为最基本的加密措施。

此外，许多接入点提供经过简化的 Wi-Fi 保护设置（WPS）功能。只要按下接入点上的按钮，然后在客户设备上键入数字代码，就能轻松连接到受 WPA2 保护的网络。Wi-Fi 联盟于 2006 年发布 WPS，以方便非技术用户使用无线网络。遗憾的是，人们在 2011 年发现 WPS同样可能存在安全风险，因此最好关闭该功能。

值得一提的是，所有接入点都提供隐藏网络标识符的配置选项。这个选项对提高安全性并无帮助，因为客户设备很容易检测到不显示标识符的无线网络。根据 802.11 标准的规定，接入点必须在客户设备请求时提供网络标识符。

在咖啡厅、酒店、机场甚至一些实现 Wi-Fi 全覆盖的城市，大部分人目前使用 Wi-Fi 作为接入互联网的首选方式，因此讨论安全问题正当其时。

当用户连接到咖啡厅以及其他公共场所的 Wi-Fi 网络时，绝大多数网络并未配置任何加密措施。这无疑有利于简化网络连接，但是请记住，除非正在访问的网站使用超文本传输安全协议（HTTPS）作为安全措施（即网址前缀为 "https://" 而非 "http://"），否则附近的任何人只要记录通过未加密无线网络传输的所有流量，就能跟踪到用户键入的所有内容。这种操作易如反掌（图 12-2）。

图 12-2 戴着"传统"面具的匿名运动黑客

如果用户依赖于公共场所的未知服务提供商，那么网络管理者很容易就能在用户没有察觉的情况下记录、重新路由并随意篡改所有未加密流量。正因为如此，在输入银行账户信息之前，务必确保浏览器连接安全可靠。当试图通过公共 Wi-Fi 网络访问有价值的内容时，应仔细查看并认真对待收到的通知或弹窗。如果在访问敏感网站（如银行账户）时发现异常情况，则有必要考虑是否确实需要进行操作，或是否可以等回到家中或办公室后通过启用 WPA2 的网络再进行操作。

安全问题并非只在访问网站时存在，电子邮件连接同样需要配置安全协议。换言之，在登录邮件提供商时，连接应该经过加密。对基于 Web 的邮件服务而言，仅使用 https:// 地址且访问过程中没有收到异常通知足以保证安全。

我有时利用不安全的虚拟邮件账户连接来测试邮件是否可能遭到窃听。令人惊讶的是，我注意到许多公共网络会"劫持"用户发送的非加密邮件连接，并通过自己的邮件处理程序进行重定向。用户邮件看似并无异样，但可能在传输过程中被未知的第三方截获并复制。

幸运的是，目前大多数自动配置设置会默认强制加密邮件流量。

当信任第三方连接时，另一个极其危险的陷阱是互联网的名称解析功能，在尝试连接到形如"someplace.com"的实际网址时总是需要使用这种功能。查询会自动在幕后进行，攻击者很容易拦截并重新路由这些查询，然后向用户返回一个完全伪造的地址。

如果浏览器是最新版本，那么当重定向的名称解析向用户返回经过 HTTPS 加密的虚假页面时，用户应该会收到警告通知。有鉴于此，通过免费的 Wi-Fi 网络接入互联网时，请时刻警惕任何与安全有关的异常提示。在毫无征兆的情况下要求用户重新键入用户名和密码是十分可疑的行为。如果出现此类情况，连接到其他更安全的网络方为上策。

但是，如果正在访问的网页没有使用 HTTPS，且由于恶意的名称服务器而遭到重定向，则用户束手无策。

设置虚拟专用网（VPN）连接有助于防止此类窃听和重定向，包括名称服务器查询在内的所有流量经由加密信道重新路由。但使用

VPN 往往会产生一些令人困惑的副作用，当 VPN 代理服务器位于其他国家时更是如此。

部署 VPN 还能解决最新发现的 WPA2 流量可见性入侵问题。不过受篇幅所限，本书不准备深入探讨 VPN。可信赖的 VPN 服务不仅成本很低（每月仅有几美元），而且可以省去许多麻烦，因此值得考虑。

相当一部分提供免费连接的网站使用上面提到的技巧以及其他许多方法，寄望于监视用户行为来收回部分成本。这些方法并不复杂，比如生成用户喝咖啡时访问过的网站列表，或在用户浏览器中加入不可见的标签，以方便跟踪用户的上网活动（包括用户从何处接入互联网）。某些方法看似无害，但毫无疑问，无论这些方法出于何种目的，都不会对用户有利。

这个世界充满戏剧性。如果某些服务是免费的，则意味着用户就是产品——Facebook 与谷歌便是明证。

考虑到家庭或小型办公室的移动性有限，Wi-Fi 网络最初旨在覆盖较小的区域，Wi-Fi 设备的最大发射功率仅为 100 毫瓦。相比之下，智能手机与蜂窝网络通信时的功率可能数十倍于 Wi-Fi 网络，而微波炉磁控管的信号功率数千倍于 Wi-Fi 网络。由于 Wi-Fi 信号的强度很低，接入点最多只能覆盖半径约为 100 米的区域。

钢筋混凝土墙和地板等阻挡材料都会吸收微波辐射，所以实际覆盖范围往往更小。如果希望覆盖机场这样的大型区域，需要将多个具有相同标识符的接入点连接在一起，以便用户设备在接入点之间可以无缝漫游。

Wi-Fi 的另一个固有限制在于最初的频率分配，因为 2.4 GHz 频段的可用信道并不多。例如，日本最多支持 14 个单独的信道，但通常只有 11 个信道可供 Wi-Fi 通信使用。之所以如此，是因为 ISM 频段边缘在不少国家都有特殊用途（往往和军事有关）。

某些接入点无法更改区域（具体取决于在哪个国家销售），另一些接入点则允许用户选择区域，从而能间接选择可用的信道数量。

对半径仅为 100 米的覆盖区域而言，11 个信道看似不少，但遗憾的是，随着用户对速度的要求越来越高，问题也随之而来：速度越快，单位时间内传输的 1 和 0 越多，对调制技术的要求越高，需要的带宽也越多。有鉴于此，在 2.4 GHz 频段的多个原始 Wi-Fi 信道上发展高速信道成为必然选择。

更新、更快的 Wi-Fi 技术沿袭了隐晦的命名传统。例如，802.11g 标准使用 2.4 GHz 频段，最高数据速率为 54 Mbit/s；而最新的 802.11n 与 802.11ac 标准使用 5 GHz 频段，理论数据速率分别达到 600 Mbit/s 与 1730 Mbit/s。5 GHz 频段的另一个优点在于能提供至少 23 个非重叠信道。但相较于 2.4 GHz 信号，5 GHz 信号穿透墙壁和其他障碍物的能力较差。

截至本书写作时，最新的 Wi-Fi 标准是 802.11ax，它采用经过改进的调制技术且支持同步并行连接以优化两种频段的利用率。因此，虽然 802.11ax 不一定能提高单一连接的速度，但网络可以同时支持多个高速用户，而不会降低特定连接的性能。

对正在纠结购买哪种 Wi-Fi 设备的消费者而言，这种采用数字和字母命名 Wi-Fi 标准的神秘规则很难记忆。2018 年秋天，Wi-Fi 联盟终于有所觉悟。虽然电气电子工程师学会仍将沿袭现有的"802.11"命名规则，但 Wi-Fi 联盟采用简单易记的方式来命名 Wi-Fi 标准。例如，802.11n、802.11ac、802.11ax 标准分别称为 Wi-Fi 4、Wi-Fi 5、Wi-Fi 6。换言之，"序列号"越大，网络性能越高。

在大多数实际应用中，可实现的最高数据速率充其量只能达到理论最高速率的一半。

某些高速 Wi-Fi 网络使用 2.4 GHz 频段传输数据，所需的带宽已超出最初单个信道所能提供的带宽。正因为如此，部署在 2.4 GHz 频段的高速 Wi-Fi 网络实际上只能使用 3 个互不重叠的独立信道，即信道 1、6 和 11。

如今，几乎所有家用互联网连接都有自己的接入点，所以公寓楼中同时存在数十个 Wi-Fi 网络并不鲜见。此时此刻，当我坐在阳台的吊床上写作时，附近共有 18 个 Wi-Fi 网络，其中只有两个属于我自己。另外 8 个网络的信号非常强——如果我知道相应的 WPA2 密码，且所有可见网络都已启用 WPA2，我就能连接到其中某个网络。

数量如此庞大的无线电干扰可能会带来灾难性的后果，在特殊的高带宽环境中的确如此——如果每个人都通过 Wi-Fi 网络观看高清视频，那么所有网络都要争夺有限的带宽并相互干扰。不过在设计面向分组的数据协议（其历史可以追溯到 ALOHA 网络）时，工程师们对这个潜在问题了然于心，他们制定的标准致力于尽可能满足重叠网络及其用户的需要。

这种适应性的核心基于以下基本行为。

首先，如果没有数据需要传输，那么即便使用完全相同或部分重叠的信道，网络之间也几乎不存在干扰。除偶尔通告网络标识符外，系统不会发送任何数据。

其次，当需要传输数据时，系统将数据拆分为多个较小的分组，且 Wi-Fi 设备在发送下一个数据分组前始终会检查信道是否空闲。如果冲突检测机制发现信道当前处于使用状态，系统将等待一小段随机选择的时延，然后再次尝试发送数据分组。因此，即便城市丛林中的 Wi-Fi 网络数不胜数，相互重叠的网络也会以交错方式持续发送各个数据分组。实际上，我在通过 Wi-Fi 网络观看视频时从未感觉到性能出现严重下降的问题。

目前，大多数接入点往往根据网络名称（而非正在使用的信道号）来建立连接，以期缓解因同一区域内存在多个 Wi-Fi 网络而导致的干扰问题。因此，接入点在启动时会自动扫描可用的频率，并选择最不拥挤的信道传输数据。

极客们总会找到许多供智能手机、平板计算机与膝上计算机使用的免费 Wi-Fi 扫描应用程序，通过它们确定周围的无线信号质量，然后利用这些信息优化信道选择，从而最大限度减少特定位置的干扰。但如前所述，大多数现代接入点在每次启动时都会自动做出最佳选择。

就连接质量而言，更大的问题在于建造墙壁和天花板所用的混凝土和钢筋——当客户设备远离接入点时，这些建筑材料会显著降低信号强度，从而减小最大速度，因此接入点的安装位置应该尽可能靠近需求最高的无线设备。

仅当没有其他网络共享、信道互不重叠且通信设备之间不存在墙壁或其他物体时,才可能获得理论上的最大速度。在偏僻的乡村木屋中,如果客户设备与接入点位于同一个房间,则连接质量最理想。

但对大多数人来说,这种情况可遇而不可求。

如果另一台计算机接入同一个 Wi-Fi 网络,且两台计算机同时以最大速度传输数据,那么二者的可用速度将立即降至理论容量的 50%以下。之所以如此,是因为在很多情况下,如果两台计算机尝试同时发送数据,则其中一台计算机将等待一段时间后再尝试传输。由于重试依赖于随机超时机制,因此无法精确实现两个全速信号的交错传输。

假如附近有两三台无线设备(它们分属覆盖范围可能相互重叠的不同 Wi-Fi 网络),且用户与接入点之间由混凝土墙隔开,那么 54 Mbit/s 的承诺数据速率很容易降至 5 Mbit/s 甚至更低。

实际的连接速度将随着当前的连接质量而不断变化,但用户无法感受到这种变化。如果用户希望深入研究这个问题,也可以通过某些监控类应用来检测当前的连接质量和速度。

在大多数常见用例中,用户不太可能注意到速度降低。因为即便数据速率仅有 5 Mbit/s,传输高清视频也绰绰有余。如果只是简单上网,这种速度已相当快。截至本书写作时,最便宜、最常见、价格为二三十美元的接入点均使用日益拥挤的 2.4 GHz 频段。

只有更昂贵的"高端"接入点才利用 5 GHz 甚至 60 GHz 频段传

输数据。由于重叠信道上的相邻设备不多，这两个频段的干扰相对较少。以我目前使用的"吊床测试设置"为例，在 18 个可见网络中，仅有两个网络使用 5 GHz 频段。

因此，假如用户确实希望 Wi-Fi 网络达到最佳吞吐量，请留意并确保设备包装盒上标明"802.11n"。如果确实对速度有更高要求，应考虑选购 802.11ac 或 802.11ad 的设备。

对于混凝土墙构成的独立式住宅，Wi-Fi 环境可能很"干净"，那么购买高端接入点纯属浪费。在这种情况下，最大的问题在于如何穿透墙壁为客户设备提供覆盖，信号的频率越低，越容易穿透障碍物。

最新的 Wi-Fi 技术还支持波束成形，使用波束成形能减少干扰，从而提高吞吐量，并抵消因客户设备与接入点之间的阻塞而引起的信号衰减问题。如果用户认为确有必要使用波束成形，建议在选购产品时阅读相关评论，因为不同制造商的波束成形实现质量可能有所不同。

为获得最佳效果，通信链路两端显然要遵循相同的标准，否则接入点只能以客户设备的速度传输数据。因此，如果膝上计算机或智能手机不支持 5 GHz Wi-Fi 网络，那么使用昂贵的接入点就毫无意义。在购买最新、最好的接入点之前，请检查计划连接的设备规格是否符合要求。

各种低端设备的 Wi-Fi 实现质量大相径庭，主要归因于天线设计和天线布局。即便是不同制造商生产的设备，实际的 Wi-Fi 无线接口通常也使用相同的芯片组，而某些制造商的历史可以追溯到 WaveLAN 时代。此外，所有 Wi-Fi 实现始终使用最大允许功率，因此感知质量往往会发生很大变化。部分客户设备能在其他设备完全无法接入网络的位置正常工作；而连接到某些接入点时，这些客户设备的信号强度又比在同等条件下使用竞争产品时低得多。

如果我们比较智能手机、膝上计算机与平板计算机在同一位置的信号强度和整体无线性能，可能会得出非常有趣的结论：即便所有设备都遵循相同的无线标准，实际的实现也千差万别。例如，我的老款第二代平板计算机经常无法在酒店接入网络，而最新款智能手机在同一位置的连接质量堪称完美。

就像无线时代之初那样，并非所有无线设备的性能都相同，产品质量仍然至关重要。

理论最大速度固然重要，但理解整体速度受制于整个数据通路中最慢的连接更重要。如果用户的互联网连接速度仅有 10 Mbit/s，且家庭网络中并无本地高速数据源，则无须购买价格不非的 1730 Mbit/s 接入点。在这种情况下，受实际的互联网连接速度所限，接入互联网的最大速度始终不会超过 10 Mbit/s，因此最便宜的接入点也能满足需要。只有当速度极快的本地网络有助于提高本地设备和数据源的性能时，购买更快的接入点才有意义。

如果高速设备（如访问流式视频的高清电视）出现问题，且这些问题的根源在于附近其他活动 Wi-Fi 网络引起的干扰，那么改用高质量的老式电缆连接始终是最安全、最省力的解决方案。100 Mbit/s 布线是最低要求；而对于需要消耗大量带宽的设备来说，内置的 1 Gbit/s 连接已司空见惯。

当使用固定电缆时，用户设备附近不存在其他设备，也不会受到隔壁用户的干扰，因此能满足最苛刻的数据传输需求。此外，也不必担心数据遭到窃听。

在家庭环境中，微波炉仍然是对 Wi-Fi 网络影响最大的潜在干扰源：磁控管的功率是 Wi-Fi 信号的 5000 倍到 10000 倍，因此即便是微量的无线电能量泄漏也会干扰到 Wi-Fi 网络，当用户的无线设备靠近微波炉、远离接入点时更是如此。

如果每次使用 10 年前购自 eBay 的二手微波炉制作爆米花时，无线设备都无法上网，那么购买一台新的微波炉或许是明智之举。

严重的泄露不仅会干扰数据传输，微波辐射产生的深层渗透热也会影响人体健康，紧靠正在运行的微波炉时尤其如此。虽然现代微波炉的安全设计能有效避免上述情况，但如果炉门翘曲或密封状况不佳，则可能泄露出令人担忧的大量辐射。眼睛和睾丸是最敏感的身体部位——保护睾丸的重要性应该足以促使单身汉购买一台新的微波炉，替换掉那台砰砰作响、炉门两次掉落的旧货。

随着 ISM 频段的流量不断增长，以可见光为介质的双向通信成为短距离连接技术发展的新趋势。然而，Wi-Fi 并非唯一使用免费 ISM 频段传输数据的无线连接技术。

蓝牙是近几年广泛流行的一种无线通信标准，首个功能完善的蓝牙版本于 2002 年实现标准化。蓝牙和 Wi-Fi 均使用 2.4 GHz 频段传输数据，干扰同样不可避免。为解决这个问题，蓝牙采用与码分多址相同的军用扩频跳频技术。

除了将活动信道扩展到多个频率外，蓝牙还利用自适应跳频扩频技术动态适应周围的现实环境。换言之，如果系统检测到信道跳频链的某些频隙十分繁忙，将忽略这些频隙，转而使用流量最少的频隙传输数据。

在拥挤不堪、动态变化且完全无法预测的 ISM 频段，这种"寻找可用时隙"的技术旨在为蓝牙设备提供最佳连接体验。

蓝牙技术由瑞典电信公司爱立信开发，得名于古代北欧国王哈拉尔·蓝牙（哈拉尔蓝牙王）。这项技术旨在为主设备与各种辅助外围设备提供简单的无线连接，支持大约 40 种不同的专用规范，包括连接手机和车载音频系统的免提规范、连接无线鼠标 / 键盘和计算机的人机界面规范等。

蓝牙采用的主 / 从方式与 Wi-Fi 存在根本区别——Wi-Fi 致力于充当有线通用分组数据网络的无线替代品，参与通信的 Wi-Fi 设备的角色大致相同。

后续的蓝牙标准增加了其他规范，将与主设备的外围连接纳入其中。主设备最初通过局域网接入规范访问通用数据网络，这种规范目前已被个人域网规范所取代。

蓝牙的一个基本设计理念是尽可能减少数据链路的功耗，以便通过蓝牙连接的所有外围设备都能使用轻巧的便携式电源。为进一步满足上述要求，蓝牙兼容设备可以选择多种传输功率电平，这无疑会直接影响最大连接距离。

无线耳机与智能手机的连接或许是最常见的蓝牙应用，这也是蓝牙标准支持的第一个用例。一种在所有公共场合普遍存在的全新现象应运而生：那些看似自言自语的人未必都不正常。

截至本书写作时，蓝牙标准已发展到第 5 个主要版本，多年来发布的各种版本在功耗、规范与最大数据速率方面均有所改进。目前，蓝牙的理论最大速度约为 2 Mbit/s，足以满足无损数字音频编解码器的需要，从而能提高最新一代蓝牙耳机和无线扬声器的音频质量。

固有延迟同样有所改进。使用早期的蓝牙耳机观看视频时，图像和声音之间有时会出现短暂但明显的时延，不过这个问题已得到解决。

通过启用两个同时配对的连接，蓝牙 5.0 标准极大提高了基本点对点有线替换方案的性能。目前，蓝牙技术的最大可达距离约为 100 米，堪与 Wi-Fi 媲美。

所有新版本均向后兼容老版本。

蓝牙设备在传输功率方面具有与生俱来的灵活性。也就是说，最大可达距离可能只有几米，具体取决于所连接的设备。这符合蓝牙作为"有线网络替代品"的最初理念，可以在无须远距离连接的情况下提供最佳能效。

蓝牙技术最初设计用来为简单的配件提供无线连接，因此主设备与从设备的配对过程相当简单，通常在需要连接的两台设备上按下按钮即可。配对完成后，一般只要启用配件就能恢复与活动主设备的连接。

初始配对状态是蓝牙设备最脆弱的状态，所以最好始终在受控环境中进行，以免遭到攻击。主设备只有设置为特定模式才会接受新外围设备的配对请求，如果用户没有首先启动或确认进程，则很难将未知设备添加到主设备的设备列表。在大多数用例中，配对后的数据经过加密，攻击者必须在配对过程中收集信息才可能直接窃听用户通信。

切勿对未激活的蓝牙请求执行操作。如果智能手机或其他无线设备收到与蓝牙有关的任何问询（比如有人希望发送消息），只需在显示请求的对话框中选择取消即可忽略该请求。

就大多数情况而言，问题不在于传入连接本身，而是发送给用户的数据中包含某些危及设备安全的有害附件。简而言之，应避免访问任何不完全了解的内容。

值得一提的是，如果蓝牙连接启用"可见性"设置，那么通过扫描附近的设备可以发现用户设备，从而带来安全隐患。例如，用户将车停在四周无人的停车场，并将启用蓝牙连接的膝上计算机留在车里。即便窃贼无法直接看到用户的计算机，也能利用标准的蓝牙设备扫描程序发现它。如果搜索到描述性的蓝牙名称（如"乔的崭新闪亮的膝上计算机"），窃贼很可能会打碎车窗盗走计算机。

如果希望确保设备的绝对安全，建议在不使用蓝牙功能时将其关闭。请注意，许多膝上计算机的蓝牙电路在休眠期间仍然处于活动状态，因而可以通过蓝牙兼容键盘唤醒。如果不想使用该功能，请在设置中完全禁用。用户可以通过智能手机扫描是否存在可用的设备，没有发现设备则说明这些设备并未对外发送信息。

目前，蓝牙技术正在向物联网的新方向发展。从烤面包机、冰箱到简单的传感器设备，物联网是家中所有无线设备的通用信息载体。绝大多数设备使用名为蓝牙低功耗的特殊蓝牙技术。蓝牙低功耗最初称为蓝牙低端扩展，诺基亚在 2001 年启动相关研究工作。这项技术于 2004 年首次发布，并在 2010 年纳入蓝牙 4.0 标准。

相对而言，通过配置家庭网络来限制外部访问并非易事，因此不少新一代设备已经上云，支持用户利用智能手机或平板计算机轻松访问设备。这意味着用户绝对信任提供这些服务的制造商，因为从用户家庭网络收集的数据（如摄像头图像、语音命令或安全信息）将被复制到完全由制造商控制的网络服务器。

而在某些情况下，部分设备会在没有得到用户明确许可的情况下"呼叫主机"。由于发送的实际数据不为人知，隐私问题随之而来。许多企业有正当理由收集各种状态数据，以实施质量控制并进一步改进产品，但应该在提供给用户的信息中明确声明此类情况。就隐私而言，是否允许这类通信应始终由用户决定。普通用户通常不了解如何设置能禁止这种不必要流量的家庭防火墙，所以退而求其次的方案是仅从隐私声誉良好并明确描述功能的知名企业购买设备。

除隐私问题外，这种华而不实的"联网家庭"承诺同样会带来诸多应用层面的安全问题：当用户那台智能化程度不高但具备无线连接功能的烤面包机纳入家庭网络后，入侵烤面包机可能会为攻击者大开方便之门，利用这个安全漏洞攻击用户家中的其他设备。

由于这些设备通常需要接入互联网才能真正发挥作用，因此它们也可能充当全球黑客攻击的马前卒，部分设备（如接入点与无线安全摄像头）已经出现这种情况。设备中存在的安全漏洞不一定会直接危害用户，但这些漏洞可以用于针对企业或政府的全球协作黑客攻击或分布式拒绝服务（DDoS）攻击。DDoS 攻击通过同时发送数十万乃至数百万条连接请求以便目标网络瘫痪，这些请求来自不知情的家庭和企业用户。他们的设备遭到黑客入侵，在这场电子战中成为惟命是从的帮凶。

第一次大规模 DDoS 攻击发生在 1999 年。彼时，美国明尼苏达大学的网络服务因源源不断的连接请求而中断了两天时间。当人们追踪到参与攻击的设备并联系设备所有者时，他们对发生的事情一无所知。

自此之后，许多 DDoS 攻击都采用这种形式：在实际攻击开始前数月甚至数年，黑客在用户不知情的情况下接管参与攻击的设备，控制它们充当精心组织的联合"电子军队"，出于政治、商业等目的（或只是为了炫耀）瘫痪目标网络。

一般来说，只要遵循最简单的经验法则，就能充分保证接入家庭 Wi-Fi 网络的设备安全——比如坚持不使用默认密码。不过，更稳妥的方案是修改用于配置设备的默认用户名。

当可以方便地"通过云"访问设备时，有必要权衡一下这种便利的价值与潜在的安全隐患。因为用户能访问的信息，服务提供商也能访问。当然，为保护设备免受邻居的攻击或路过式入侵 ③，加密无线网络始终是题中应有之义。请务必记住无线电波的基本特性：只要使

---

③ 路过式入侵（drive-by hacking）指黑客驾车在住宅区或商业区寻找易受攻击的无线网络。——译者注

用合适的设备，任何人都能接收无线电波。有鉴于此，在家庭和办公环境中，至少要采用 WPA2 加密 Wi-Fi 网络（使用足够长且复杂的密码），并适时更新到 WPA3。

尽管使用默认密码或没有加密网络的不知情用户助长了全球黑客的气焰，但人们发现，相当一部分安全问题归结于设备制造商的安全措施过于宽松。

制造商销售大量使用相同预设用户名和密码的设备，且没有积极采取措施强制最终用户更改，对于用户家中可能存在的安全隐患起到推波助澜的作用。部分制造商甚至内置了不可修改的预设二级用户名和密码，导致系统中存在无形的后门，黑客入侵成千上万台相同的设备因而变得易如反掌。

世界各地已发生多起严重的此类黑客攻击事件。如今，似乎每周都有新的攻击事件发生，这一切都是由设备制造商对质量控制不严所致。集成了接入点功能的调制解调器似乎是首选目标，因为它们是所有无线设备接入互联网的重要门户。

为避免此类情况的发生，制造商必须承担更多责任：某些备受关注、制造商遭到严厉经济处罚的法律案件将迫使无线行业更加重视安全问题。这些联网设备所用的软件往往由出价最低的投标者承包，并未做好长期维护的准备。

最后，另一种值得一提的短距离无线通信标准是 Zigbee。该标准专为低速、低功耗应用而设计，适用于智能家居和工业控制等许多特殊领域。Zigbee 属于协议标准，使用 ISM 频段或其他由国家指定的频段传输数据。例如，欧洲使用 868 MHz 频段，美国和澳大利亚使用 915 MHz，中国则使用 784 MHz 频段。

首个 Zigbee 标准于 2004 年发布，由 2002 年成立的 Zigbee 联盟负责管理。康卡斯特、华为、飞利浦、德州仪器等著名企业都是 Zigbee 联盟成员。

如果存在大量偶尔需要相互通信的低功耗智能设备，那么部署网状网当属明智之举。

Zigbee 与目前的蓝牙都能很好地支持网状网。最新的蓝牙技术包括特殊的扩展功能，可以通过网状规范加以优化。尽管 Zigbee 在设计之初就将网状网纳入考虑，但如今无处不在的蓝牙在这场物联网之争中占据了一定优势。此外，5G 致力于为某些物联网应用提供切实可行的连接。

拜 Wi-Fi 和蓝牙所赐，技术层面非常复杂但易于使用的无线连接已进入千家万户，二者都是无形的无线电波从根本上改变并提高日常生活质量的绝佳范例。

尽管两种技术看似简单，但要想保证无线网络的安全，遵守必要的安全规范至关重要——请勿将易用性置于安全性之前，因为任何人都能接收无线电波。

A Brief History
of Everything
Wireless

13
身份识别

HOW
INVISIBLE WAVES
HAVE CHANGED
THE WORLD

1995 年 6 月 23 日，一只名叫乔治的可爱宠物猫在美国加利福尼亚州索诺马县走失。

接下来的 6 个月里，忧心忡忡的主人四处张贴海报和传单，承诺对提供乔治行踪线索的人士给予 500 美元的奖励。他们还多次联系附近所有动物收容所，但 4 岁的乔治仿佛人间蒸发一般，始终杳无音信。几年时间过去了，乔治的主人放弃了寻找。

但 13 年后，主人接到索诺马县动物护理与控制中心的电话，告知收容所捡到一只疑似乔治的流浪猫。彼时的乔治已有 17 岁，在猫中已属高龄。它的身体状况非常糟糕，饱受弓形虫病和呼吸道感染的折磨。乔治还存在严重的营养不良，被发现时体重不足 3 千克，大约是健康猫咪的一半。

过去的 13 年里，乔治显然在努力诠释"猫有九命"这个说法，甚至到达收容所后也危在旦夕：在正常情况下，如果收容所发现流浪宠物的身体状况如此糟糕，那么找到新的收养家庭几无可能。就乔治的情况而言，它的最终归宿很可能是动物安乐死。

　　挽救乔治的是一块米粒大小的嵌入式射频识别（RFID）芯片。这块芯片位于乔治脖颈松弛的皮肤下方，包含一个可以利用简单手持扫描仪远程读取的序列号。工作人员通过这个序列号从全美动物数据库找到了乔治主人的联系方式。

　　与所有动物收容所的标准流程一样，发现流浪宠物后，索诺马县动物护理与控制中心首先会检查它们是否已植入芯片。工作人员只需使用无线读写器扫描动物的脖颈即可，这是嵌入式 RFID 芯片的常见位置。乔治的主人颇有先见之明，差不多 20 年前就请兽医为乔治植入芯片，这个简单的举措最终使乔治重回主人的怀抱。

　　据估计，仅在美国，2016 年就有 500 万到 700 万只流浪宠物被送往各种动物收容所，其中只有 20% 曾植入芯片。因此，如果希望所有走失的宠物都能像乔治一样有个圆满的结局，依然任重道远。

　　远程识别目标的需求可以追溯到 20 世纪上半叶。20 世纪 30 年代初，无线电探测和测距（雷达）问世，美国、英国、法国、德国、荷兰、苏联、意大利、日本等国同时围绕这种新型遥感技术展开研究。

　　雷达首次广泛应用于不列颠战役，在战争中发挥了重要作用。1940 年，英国的海岸线遍布名为"本土链"的雷达系统（图 13-1）。这种系统旨在为英国皇家空军提供迫切需要的预警信息，以期战争的天平向英国倾斜——纳粹德国空军

图 13-1 丹尼斯·米特利在操作"本土链"雷达

的飞机数量是英国空军的 4 倍，因此英国空军竭尽全力，寻找在德国即将入侵英伦三岛时能获得额外优势的手段。

事实证明，"本土链"收集的信息对于平衡局势至关重要。通过在正确的拦截位置部署适量的战斗机，英国空军开始扳回劣势：英国每损失一架战斗机，德国就要损失两架。

由于无法在 1940 年确保在英吉利海峡的空中优势，德国迅速入侵英伦三岛的计划落空。英国人很幸运，因为德国人并不知道，尽管战损比为 2 : 1，但英国空军仍在以惊人的速度损失战斗机。如果这种状况持续下去，英国最终难逃失败的厄运。

然而，由于希特勒的战略选择不当，形势急转直下。虽然英国首次轰炸德国未能达到预期效果，却对德国民众的心理造成打击。希特勒下令纳粹空军集中力量轰炸伦敦，却将雷达设施和机场排除在外。英国空军获得喘息之机，开始缓慢恢复元气。

虽然"本土链"是雷达实用性最有力的佐证，但交战各方对这项技术并不陌生。德国自行研制的"弗雷亚"雷达在技术上更先进，并取得巨大成功。1939 年 12 月，"弗雷亚"探测到 22 架英国轰炸机飞往德国威廉斯港，首次向外界展示出这种系统的威力。尽管英国轰炸机在德国战斗机赶来前完成了轰炸任务，但最终只有一半轰炸机安全返回英国，而德国空军仅损失了 3 架战斗机。"弗雷亚"提供了拦截返航英国轰炸机所需的精度。

新一代微波雷达以新研制的磁控管为基础。为加快开发速度，英国科研人员决定与美国同行合作，将当时尚属绝密的雷达设备送往位于美国剑桥的麻省理工学院，在新成立的一个联合实验室展开研究。这种超乎寻常的军事技术共享发生在美国参与第二次世界大战的前一年。

微波能提供更好的分辨率和距离。最重要的是，雷达系统的尺寸减小，甚至可以安装在飞机上。英美合作研制的机载雷达系统能成功探测到上浮的德军潜艇与其他船只。

雷达通过强方向性波束发送短无线电脉冲，然后监听目标在特定方向对这些脉冲的反射。虽然无线电波以光速传播，但同样可以测出接收反射波所需的极短时间，进而计算出雷达到目标的距离，旋转天线的当前角度则指示了目标的方向。

雷达尤其适合探测空中目标或海上目标，部分特殊的雷达系统甚至能在地面使用。例如，一些主要机场部署了场面监视雷达系统，这种系统可以为地面管制员提供飞机沿滑行道运动的实时态势感知数据，从而提高机场的安全性。

第二次世界大战的经验表明，雷达可以探测到接近的飞机，它在预警系统中发挥了极其重要的作用。但一个主要问题随之而来：在动态变化、往往混乱不堪的战场环境中，空中的飞机数量众多，那么交战双方如何分辨雷达探测到的目标属于来袭的敌方飞机，还是执行任务后返航的己方飞机呢？

德国飞行员和雷达工程师发现，如果飞行员在返航时摇动机翼，雷达特征信号就会发生细微变化，从而提示地勤人员正在接近的是己方飞机。英国进一步在飞机上安装了特殊的应答机，这种设备能响应传入的雷达脉冲，并以相同的频率传回短脉冲。

雷达的功能奠定了远程询问的基础，相同但更复杂的有源应答机系统现已成为所有商用和军用飞机的标准配置。

目前的航空雷达系统由两种雷达构成。一次雷达的功能如前所述，可以提供目标的距离和方向，但无法给出精确的高度信息，且无法实际识别目标。二次雷达发送特殊的询问脉冲，飞机配备的应答机会通过短传输进行应答，其中包含飞机的识别信息和高度数据。

人们很容易辨认出大部分机场配备的雷达旋转天线——在绝大多数情况下，扁平的矩形二次雷达天线叠放在较大的一次雷达天线之上（图13-2）。

图13-2 德国法兰克福机场的雷达塔

通过合并一次雷达与二次雷达提供的数据，空中交通管制就能获知每一架飞机的精确高度，然后通过计算机跟踪所有探测到的飞机的相对速度和高度，并在两架飞机距离过近时向空中交通管制员发出自动碰撞警告。

大多数主要机场要求飞机必须在机场周围的空域启用应答机。实际上，飞行期间不应以任何理由关闭应答机。

这一点尤其重要，因为商用飞机配有空中防撞系统（TCAS），能发送类似于二次雷达系统发送的询问信号，并监听附近飞机应答机返回的信息。如果 TCAS 计算出另一架飞机处于可能碰撞的航线上，将自动指示两架飞机的飞行员采取最佳规避机动。在复杂多变的环境中，这是利用无线电波确保绝对安全的又一个例证。如果这些系统出现故障，后果不堪设想。

2006 年 9 月 29 日下午，巴西戈尔航空 1907 号班机从马瑙斯机场起飞前往首都巴西利亚。客机载有 154 名乘客和机组人员，飞行时间只有短短 3 个小时。对戈尔航空的机组人员来说，这是搭乘这架机龄仅 3 星期的波音 737-800 型客机执行的又一次例行南飞任务。1907 号班机将沿熟悉的航线飞行，使用这条航线的航班一直以来都不多。

几个小时前，一架全新的"莱格赛 600"公务机从制造商巴西航空工业公司总部所在地的圣若泽—杜斯坎普斯机场起飞，准备交付美国客户。

"莱格赛 600"当时正向北飞行，准备在马瑙斯进行第一次加油。根据飞行计划，"莱格赛 600"的航线将经过巴西利亚 VOR 台。

1907 号班机以 1.1 万千米的高度在巴西马托格罗索州丛林上空飞行了不到两小时，遇到迎面而来的"莱格赛 600"。公务机的小翼撞到波音客机的左翼中部，将客机左翼削掉一半——1907 号班机不受控制地向下俯冲，随即在空中解体，最后高速坠入下方的茂密雨林。154 名乘客和机组人员全部遇难。

"莱格赛600"的翼尖和水平安定面[1]也受到严重损坏（图13-3），但它设法紧急降落在附近的巴西空军基地，5名乘客均安然无恙。

图13-3 "莱格赛600"的翼尖有明显的碰撞损伤

两架配有最新TCAS的崭新飞机，怎么可能在并不繁忙的管制空域相撞呢？遗憾的是，多个因素最终导致了灾难性的后果。

首先，人迹罕至的马托格罗索州丛林通信覆盖率极低，"莱格赛600"与空中交通管制中心之间的联系在事故发生前就已中断。录音清楚地表明，空中交通管制员与"莱格赛600"的机组人员曾多次试图通话但均未成功。不过"莱格赛600"当时经过的区域杳无人烟，通信不畅的问题众所周知，因此并非导致这场空难的罪魁祸首。

航空通信系统是固守传统的典范。航空通信所用的频率为118 MHz到137 MHz，恰好位于调频无线电频段的上方。其中118 MHz到128 MHz保留给VOR信标，其余频率供空中交通管制系统各部分指定的音频信道使用（从区域控制中心到机场控制塔），还有若干单独的信道用于航空相关的政府机构服务。

飞机按照飞行计划飞行时，必须根据进出的控制区不断调整频率。对于以时速800到900千米飞行的现代客机来说，频率调整是司空见

① 水平安定面（horizontal stabilizer）是水平尾翼前部的固定部分，用于保持飞机的静稳定性。——译者注

惯之事。两位飞行员之间的分工通常也十分明确：一人负责飞行，另一人负责通信。

航空通信的信道间隔原为 25 kHz。但随着人口稠密地区的航空旅行设施越来越多，欧洲率先将信道间隔减至 8.33 kHz，因此共有 2280 个独立的信道。这种信道扩展方式在世界范围内得到越来越广泛的应用，所有现代航空无线电都支持 8.33 kHz 信道间隔[2]。信道采用调幅技术调制数据，语音质量受限于每个信道较窄的可用带宽。

信道具有半双工性质，而使用调幅会产生一个令人不快的副作用：如果两台发射机同时传输数据，二者往往会相互阻塞，导致谁也无法传输数据，信道上仅剩大量噪声。对飞行员来说，在异常繁忙的空域寻找发送通告和查询消息的时机并不容易，因为两位飞行员往往会同时使用信道，让控制信道始终处于使用状态。如果希望跟踪双向通信中的信道何时空闲，则需要对 ATC 讨论具备良好的态势感知。

同样，由于信道的半双工性质，一台发生故障的发射机将阻塞整个信道。

这些缺点导致航空通信极易受到系统故障和蓄意攻击的影响。但由于现有设备数量众多，换用任何新型航空系统都耗资巨大。人们已

---

② 航空通信的信道间隔与信道数量演变如下：1947 年，信道间隔为 200 kHz，信道数量为 70 个；1958 年，信道间隔减至 100 kHz，信道数量增至 140 个；1959 年因通信频段上限扩展，信道数量增至 180 个；1964 年，信道间隔减至 50 kHz，信道数量增至 360 个；1972 年，信道间隔减至 25 kHz，信道数量增至 720 个；1979 年，因通信频段上限扩展，信道数量增至 760 个；1995 年，信道间隔减至 8.33 kHz，信道数量增至 2280 个。——译者注

经制定了更换数字设备的计划，但尚未设定最后期限。就基于应答机的二次雷达模型而言，新的广播式自动相关监视（ADS-B）系统正在全球范围内推广。在 ADS-B 中，飞机根据 GPS 提供的数据不断向基站报告其位置，并提供双向数字通信（包括附近其他配备 ADS-B 的飞机的视图），以便为小型私人飞机提供类似于 TCAS 的交通感知。读者可以通过 LiveATC 网站监听多个实时空中交通管制信道。

亚特兰大、迈阿密、纽约等美国主要机场的进近控制信道是大客流量的典型代表。

海上航空通信使用单独的高频无线电，飞机在繁忙的空域接近海岸时也会相互转发信息——就像大韩航空 007 号班机和 015 号班机那样。

高频无线电通常不在陆地通信中使用。一般来说，非商用飞机不提供这种昂贵且需求量不高的功能。为确保横渡大洋时的安全，飞机必须租用使用卫星服务的设备。

军事航空采用与民用航空相同的方法，但通信频率是民用航空的两倍，即二者的频率差为 2∶1。经过优化的天线可以使用两种频段收发数据，而所有军事航空无线电也能调谐到民用频率。

"莱格赛 600"在马托格罗索州上空的位置与巴西利亚空中交通管制中心之间的距离超出了通信范围，而这种"盲点"并不鲜见。

事故发生时，"莱格赛 600"的高度比原定的飞行计划高出 300 米，但空中交通管制员从未要求这架公务机降低高度。当"莱格赛 600"飞越巴西利亚时，空中交通管制员本有充足的时间指示它改变高度，却并未在最佳的无线电覆盖窗口下达指令。发送给"莱格赛600"的最后一次空中交通管制放行许可指示飞行高度为11 000米,目的地为马瑙斯——即便与原定的飞行计划不同,机组人员也总有义务遵循空中交通管制中心最后给出的指令。

因此,"莱格赛600"的机组人员并无过错。事故发生时,原定的飞行计划与高度态势不一致属于完全正常的情况。因为飞行计划会随时修正,以适应当时的交通和天气状况。

归根结底,"莱格赛600"的应答机在事故发生前意外关闭是导致这场悲剧的根本原因。

在遵循空中交通管制的例行飞行中,没有任何理由故意关闭应答机,因此可以假定机组人员在操作新飞机的控制面板时不幸犯下了错误。由于某种未知的原因,"莱格赛600"的应答机在巴西利亚以北约50千米处关闭。尽管迎面而来的1907号班机配有功能齐全的TCAS,却未能收到"莱格赛600"的任何答复。

换言之,1907号班机的TCAS电子眼根本没有发现"莱格赛600"。

最不幸的是,"莱格赛600"失效的应答机还禁用了其机载TCAS,仪表上显示的一小段文字表明没有检测到碰撞。因此,"莱格赛600"并未向1907号班机发送对方本应回复的询问脉冲。直到事故发生后,机组人员才注意到飞行应答机失效。

巴西利亚的空中交通管制员因故没有通知或指示"莱格赛600"的机组人员,由于应答机失灵,尽管这架公务机在经过巴西利亚时仍然处于良好的通信范围，其二次雷达回波却消失不见。这成为压垮骆驼的最后一根稻草，因为空中交通管制员应该能清楚地看到"莱格赛600"的二次雷达回波消失。

处处皆错是这场悲剧的根源所在：事故发生时，两架飞机以正常的巡航速度沿同一条航路飞行，方向相反且高度完全相同，相对时速接近 1700 千米，相当于每秒 500 米。

以这种相对速度飞行时，即便大如商用喷气式飞机，也会在短短几秒内从地平线上的小点变为庞然大物。就在机组人员低头查看仪表盘的一刹那，飞机已到眼前。

最糟糕的是，由于两架飞机的飞行轨迹完全相反，双方的机组人员都没有注意到明显的水平运动。人脑对侧向移动极其敏感，但很难发现一个保持静止并逐渐变大的点。

"莱格赛600"的机组人员表示，他们只看到一闪而过的阴影，随即听到一声闷响，但不清楚被何物击中。驾驶舱话音记录器显示，机组人员在碰撞发生后的第一句话是："这到底是什么鬼东西？"

从机组人员与空中交通管制员之间的讨论记录可知，当"莱格赛600"移交给巴西利亚的空中交通管制中心时，应答机仍在工作。在飞越巴西首都的过程中，空中交通管制员本有充足的时间要求这架公务机改变飞行高度层③。当时的飞机不多，"莱格赛600"很容易接受这一指令。而空中交通管制员在通信状况糟糕透顶时才指示"莱格赛

---

③ 飞行高度层（flight level）又称空层，表示航空器在标准大气压下的高度。——译者注

600"改变飞行高度层,但为时已晚,机组人员并未收到或确认该指令。加之"莱格赛600"的应答机莫名其妙地关闭,一连串不幸的事件令一次原本完全没有风险的日常飞行演变为一场致命的悲剧。

后来,法庭认为当值的空中交通管制员是关键人物——他当时本可以也应该注意到指定飞行高度层的情况差异与迫在眉睫的碰撞,因此应当按规程采取措施以避免事故发生。2010 年,这位空中交通管制员获罪 14 个月。但截至本书写作时,此案的最终裁决似乎仍是等待上诉。"莱格赛600"的两名飞行员也被判参加社区服务,这多少有些争议,因为两人严格遵守了巴西利亚空中交通管制中心的指示。驾驶舱录音可以证实,两名飞行员没有任何理由故意关闭飞行应答机,也没有任何迹象表明他们曾这样做过。

由于"莱格赛600"在美国注册,美国国家运输安全委员会也自行展开调查并得出结论:由于机载 TCAS 的用户界面没有更新,使得飞行员只能依靠非操作状态的简单文本通知。

这起事故再次证明,技术只有按预期方式工作时才值得信赖。但即便如此,也不要认为技术的存在是理所当然的。当两架飞机在11 000 米的高空以超过 800 千米的时速飞行时,彼此仅相距数米,无线电导航和自动驾驶系统的精确性由此可见一斑。在大多数情况下,这种精度有助于保证飞行安全并显著增加可用空域的容量。自动驾驶系统的进步促进了缩小垂直间隔(RVSM)的发展。RVSM 广泛应用于全球最繁忙的空域,保证更多飞机能够沿更安全、更经济的航线飞行,从而减少因客流量过多而引起的航班延误或取消事件。遗憾的是,对戈尔航空 1907 号班机而言,这种精度反而是致命的。

飞机识别是远程询问和识别的极端特例。使用类似技术的情况在日常生活中比比皆是，不过大多数人并未真正留意。

最常见的例子当属不起眼的条形码。得益于北美使用的通用产品代码以及后来的欧洲商品编码，条形码的身影如今出现在几乎所有在售产品中。这项技术的历史可以追溯到1952年，专利申请人为诺曼·约瑟夫·伍德兰。但直到通用产品代码在1974年实现商业化，条形码才真正普及开来。

激光读写器采用光学方法读取条形码，因此条形码必须对读写器可见。激光是20世纪最伟大的发明之一，第14章将深入讨论激光的特性以及它在通信中的应用。

由于条形码采用集中式管理，任何企业都能为自己的产品注册获得普遍认可的条形码。注册费用从数百美元起，包括10个单独的条形码。

条形码能以较低的成本识别单件商品，其应用彻底改变了商业和物流的形态。消费者付款时，收银员不再需要将商品价格逐一输入现金出纳机——与出纳机相连的条形码读写器可以从后台数据库提取商品价格以及其他详细信息（如名称和重量），系统会立即将所有信息添加到消费者的收据中。

如果能获得单件商品的数据，商店就可以实时跟踪库存情况，并对竞争产品线的需求进行复杂的研究，甚至评估店内不同的商品放置策略是否有效。通用产品代码还能简化基本的备货流程：对大多数商品而言，只需将价格标签贴在货架边缘即可，而不必费力地贴在每件商品上。电子价格标签系统则更进一步，可以通过无线方式修改价格标签的内容，无须人工介入。

几乎所有能贴上小标签的物品都可以注册条形码，从而实现物品的电子编目和跟踪。条形码不仅有助于简化机场的行李自动处理流程，也适用于产品推广，因为用户只要利用智能手机的内置摄像头扫描广告中的条形码就能打开产品链接。

用户可以自行为各种私人应用生成条形码，无须考虑全局 EAN和通用产品代码数据库。因为有多种标准可供选择，大多数条形码读写器都能识别。

唯一的局限性在于，用户仍然需要单独查看和读取条形码。而且除易于控制的自动化系统（如机场行李传送带）外，人工扫描通常必不可少。此外，读取距离还受到光测读数的限制。

为推动条形码革命向纵深发展，需要采用能自动读取产品标签的方法，即便标签对读写器不可见也不影响使用。为此，仍然有必要围绕无线电波的应用来构建系统。

在电子元件数量增加的同时，成本也随之增加。印有黑色条形码的不干胶纸是目前成本最低的解决方案，但某些企业甚至不再使用纸张。例如，英国最大的零售商马莎百货不仅利用激光读取条形码，还将实际的条形码直接印在牛油果皮上以减少纸张消耗。

另一方面，如果编码数据不可读，那么只有最昂贵、最庞大的产品才值得使用独立的收发器系统。类似的系统已使用多年，例如装有价值数百万美元货品的海运集装箱；但对于体积更小、价格更低的单件物品，必须寻求更简单的解决之道。

为降低成本，人们发明了无源 RFID 标签。1973 年，在通用产品代码投入使用的前一年，马里奥·卡尔杜洛为第一种无源 RFID 标签解决方案申请了专利，这项技术最终催生出植入宠物体内的 RFID 芯片。卡尔杜洛发明的电子电路系统由非常简单的电子存储器与附属管理电路构成，无须内部电池也能工作。

收到询问器发送的无线电信号时，标签的内置天线会产生一股微小的电流，以激活标签内部的电子元件。接下来，电子元件根据标签存储器保存的数据修改接收天线的电气特性。电气特性的变化会调制反向散射信号，并通过标签的天线返回询问器。如此一来，询问器就能检测到经过调制的反向散射信号，从而读取标签内容。这种反向散射法是对第二次世界大战期间德国飞行员使用的"摇动机翼"方法的改进。

无源 RFID 标签之所以价格低廉，是因为"接收器"实际上只是一副简单的天线（与调谐到固定频率的谐振器相连），而"发送"时仅需调整谐振器的电气特性。因此，标签中并没有真正的有源接收器或发射器，从而能最大限度减少实现该功能所需的电子元件。

无线电波并非 RFID 标签询问过程的唯一选择，使用电感或电容的系统同样存在，但采用无线电波可以获得最长、最灵活的询问距离。某些解决方案还能遵照询问器的指令修改标签内部存储器的全部或部分内容，可以远程改变标签的内容，不必实际更换标签。但对大多数解决方案而言，廉价的只读存储器完全能满足需要。

电子技术的进步催生出成本极低的低功率固态元件，可以直接利用接收到的无线电能量为 RFID 电路供电，从而无须再使用昂贵而笨重的电池。电池不同于 RFID 标签的其他电子元件，不可避免地存在寿命有限的问题。

由于标签所需的电子元件非常简单，加之 RFID 技术的广泛应用，令嵌入式电子产品的成本直线下降。目前，无源 RFID 标签的价格约为 10 美分，且价格还在继续降低。对于极其便宜的商品来说，使用 RFID 标签并不划算；但对于价值至少几十美元的商品而言，RFID 标签十分合适。

询问器与 RFID 标签之间无须存在光学视距连接，这是 RFID 标签相对于条形码的主要优势。RFID 标签的读取距离从数厘米到数十米不等，具体取决于所用的标准。

RFID 技术诞生之初曾用于道路、隧道与桥梁的自动收费站以及楼宇的门禁控制系统。目前，此类系统已在日常生活中广泛应用，包括相对较新的非接触式支付系统和远程可读护照。

部分最早的 RFID 测试涉及动物识别，催生出如今的"芯片化"操作，乔治和其他许多宠物得以重回主人的怀抱。某些国家会比对宠物的嵌入式身份认证与相应的疫苗接种记录，二者相符才允许宠物入境。所以在默认情况下，宠物在前往其他国家之前都要植入芯片。

更新的 RFID 系统支持多次读取，商品数量少则十几件、多则上千件。一次性读取集装箱内的货品有助于增加物流的灵活性。这些标签不会同时响应，以免造成严重的干扰，导致无法读取任何内容。

RFID 采用与 Wi-Fi 类似的各种防冲突技术，以每秒 300 到 500 个标签的速度逐一询问所有标签。

对消费者而言，RFID 在购物领域的应用最终将使现金出纳机完全退出历史舞台：如果购物车里的所有商品均贴有 RFID 标签，那么只需将购物车推过多用扫描仪并付款即可。当用户使用智能手机或信用卡自带的非接触式支付解决方案时，甚至连付款操作也将基于远程询问自动进行。

上述概念在全球范围内仍处于试验阶段。例如，媒体广泛宣传的全自动亚马逊商店目前结合使用摄像头驱动的客户跟踪和专用的大幅面光学条形码。RFID 很好地诠释出新发明如何迅速渗透到现有的流程和实践中，从而提高它们的易用性、可靠性与速度。

当第一家无须注册、基于 RFID 的便利店在您身边开业时，请记住，所有对无线电波的巧妙利用都可以追溯到第二次世界大战期间——彼时，德国飞行员发现摇动机翼能改变飞机的雷达特征信号。

A Brief History of Everything Wireless

14
希望之光

HOW
INVISIBLE WAVES
HAVE CHANGED
THE WORLD

在 300 GHz（即波长约为 1 毫米）左右的微波谱末端，可以更明显地观察到由强降雨或降雪引起的微波吸收现象。高于这个频率时，电磁辐射的行为将发生根本性变化。比微波频率更高的电磁波依次为红外线、可见光和紫外线。

我们熟知红外辐射，但或许并未特别留意——包括人体在内，一切有温度的物体都会持续辐射红外能量，因此我们的皮肤也能检测出大量红外辐射。

虽然红外辐射特性迥异，但我们也可以像其他电磁辐射那样利用红外线调制信号，只不过信号无法穿透墙壁。红外辐射会被障碍物部分吸收，然后以传导的形式缓慢通过障碍物，从而影响针对原始红外信号的调制。

障碍物无法吸收的那部分红外辐射以类似于可见光的方式反射，因此红外信号无法穿透房间墙壁。家庭中最常见的红外应用当属利用调制红外信号切换电视频道的遥控器，但我们对这种设备已经失去兴趣，令在广告时段投入巨资试图吸引我们注意力的广告商颇为沮丧。

遥控器发射的红外辐射功率极低，所以手指无法感觉到热量。但如果通过智能手机的摄像头观察，可以看到遥控器顶部的红外发光二极管（LED）会在按下按钮时点亮。人眼无法看到红外辐射，而大多数摄像头传感器对可见光谱非常敏感，因此能"看见"红外脉冲流。

大部分人早已忘记上一次更换遥控器电池的时间，这表明发射信号的实际功率相当低。在湿热环境中，这种微弱的信号强度存在很大问题，因为阳光直射产生的红外信号比简易遥控器强百万倍。

在阳光明媚的日子里，我们仍然能在自家后廊使用遥控器切换电视频道，这一看似神奇的现象归因于两种特殊的功能。

首先，发射器与接收器调谐到极窄的红外光谱，其波长一般为980 纳米，频率约为 300 THz。几乎所有红外接收器都覆盖有暗红色的不透明塑料片，这种无源滤波便是原因所在。因此，滤除掉大量不需要的红外频率是确保红外发射器与接收器正常通信的首要步骤。

但遥控器的可靠性之所以极高，最重要的原因在于针对发射信号的主动调制：如果利用已知的载波频率调制红外光脉冲，接收器就能借助称为锁相环的电子电路仅接收与指定载波频率匹配的红外脉冲（图 14-1）。

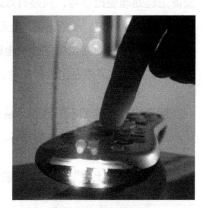

图 14-1 遥控器顶部的红外 LED

许多不同的技术都能实现红外信号的脉冲调制。大体而言，这些技术将指令转换为数字比特流，比特流表示的内容完全取决于设备。制造商生产的所有设备往往都使用相同的编码方法，但只要比特流包含特定设备的 ID，接收端就能区分出发送给自己的指令。

发送一条指令的时间极短，这意味着相同的编码通常以每秒数十次的速度重复发送。由于指令为数字格式，且通常只要按下按钮就会按顺序传输相同的编码，因此接收器可以在收到比特流后执行简单的"多数表决"以进一步提高接收精度。换言之，接收器对收到的多个触发进行采样，然后处理重复次数最多的触发。

得益于主动调制、各种消息编码方法以及嵌入式检错和纠错技术，加之重复发送相同的指令，使得编码接收错误的概率降至最低——红外遥控器要么正常工作，要么根本不起作用，具体取决于用户和接收器的距离以及环境中红外噪声的大小。

即便接收器暴露在阳光直射下，内置的冗余措施也能确保大多数设备正确处理遥控信号，只是有效距离可能会缩短。所有红外背景辐射都是完全随机的，未经调制，也无结构可言，因此不会影响接收器。仅当红外噪声强到完全覆盖接收电路时才会阻碍接收，但即便如此，触发错误指令的可能性也微乎其微。

随着电视广告的不断轰炸，越来越多的电视频道开始出现，不用从沙发上起身就能切换频道变得异常重要。

所有"沙发土豆"① 都应该感谢尤金·波利，他发明了第一种使

---

① "沙发土豆"（couch potato）指手拿遥控器、终日坐在沙发上看电视的人。
——译者注

用光作为传输介质的简单遥控系统。波利是电视机制造商天顶电子的工程师，因发明遥控器而获得 1000 美元的奖励——相当于当时两台电视机的价格。如果将通货膨胀的因素考虑在内，这笔奖金的价值如今接近 1 万美元。

波利发明的第一种遥控器于 1955 年投放市场，这种名为"闪光自动化装置"的遥控器并未使用红外线。"闪光自动化装置"形如手电，能发射锐利的光学聚焦光束。用户只要将遥控器对准电视屏幕四角的 4 个光敏传感器，即可开关电视、静音并前后切换频道。

由于当时的频道切换器是机械装置，因此波利发明的系统需要通过小型电动机来转动电视的频道选择器，以模拟手动频道切换。

"闪光自动化装置"属于天顶电子电视接收机提供的附加产品。这种遥控器的成本不低，配有"闪光自动化装置"的电视机价格会高出 20% 左右。正因为如此，在 20 世纪 50 年代，成为"沙发土豆"的代价不菲。与半个多世纪前相比，如今的肥胖人群数量更多，遥控器的价格下降或许是原因之一。

早在 1950 年，天顶电子就已率先推出名为"懒骨头"的有线电视遥控器，但用户抱怨会被客厅里的连接线绊倒。

"闪光自动化装置"采用简单且非调制的可见光作为传输介质，可能受到阳光直射的影响，导致某些情况下会自动切换频道和调节音量。为提高可靠性，1956 年面世的新款遥控器不再使用光，代之以超声波。超声波是一种频率超出人类听觉范围的声音，最高频率约为 20 000 Hz。

新款遥控器配有多个金属棒。按下按钮时，遥控器内部的小锤会击打金属棒，带动它们以不同的超声波频率振动，接收器再将这些高频脉冲信号转换为发送给电视的指令。

虽然用户无法听到真正的超声波脉冲指令，但小锤在击打金属棒时会发出可以听到的咔哒声。之后几年里，"响片"[②] 成为遥控器的昵称。天顶电子将新款遥控器大胆命名为"太空司令部"。这种遥控器的电子电路由 6 个真空管构成，复杂程度甚至超过当时的许多收音机。但"太空司令部"属于纯机械装置，无须电池就能工作。因为天顶电子的管理层担心，如果电池电量耗尽，用户会认为电视机出了故障。

早期的"闪光自动化装置"通过电池供电，电池电量耗尽是个问题。但如果改用超声波，则不必担心这个问题。

"太空司令部"出自天顶电子的物理学家罗伯特·阿德勒之手。事实证明，它是实现遥控电视的可靠手段，天顶电子直到 20 世纪 70 年代仍在使用相同的技术。然而，尽管波利最先提出无线遥控的概念，最终赢得"遥控器之父"美誉的却是阿德勒。

这令波利颇感痛苦。但在 1997 年，美国国家电视艺术与科学学院向波利和阿德勒颁发了技术工程艾美奖，以表彰二人"开创性地发明了用于消费类电视产品的无线遥控器"。

尤金·波利对这项发明的看法略有不同，他在晚年接受《棕榈滩

---

② 响片（clicker）又称咔哒器，指可以发出咔哒声的装置，目前广泛用于训练动物。——译者注

邮报》采访时表示：

> 如今，一切都要通过远程实现，没有其他选择。没有
> 人想通过减肥来控制这些电子设备。

廉价晶体管技术出现后，仍然使用超声波、但通过电子方式发送指令的遥控器取代了机械遥控器。

不断增加的电视功能推动遥控器向前发展。20 世纪 70 年代，英国广播公司推出名为 Ceefax 的图文电视服务，利用电视信号帧之间的垂直消隐间隔连续发送简单的文本信息页面数据。这也是一种向后兼容，与在电视传输信号中插入彩色同步信号的做法如出一辙。

Ceefax 需要执行三位数页码选择、显示模式切换等更复杂的遥控操作，而这些新指令的总数超出了超声波能可靠实现的范围。最初，第一批支持 Ceefax 的接收器仍然使用有线遥控技术。换言之，第一代遥控系统存在的所有问题，新系统同样存在。为此，人们成立了一个特别工作组来解决这些问题。

英国广播公司的工程师与 ITT 公司合作，以脉冲红外触发为基础设计出一种原型系统，进而催生出第一种标准化的红外控制协议——ITT 协议。

这项协议后来为众多制造商所广泛采用。但如果附近存在其他传输数据的红外设备，则有时会存在误触发的现象。这是因为 ITT 协议尚未引入载波频率的概念，因此缺少能实现有效信号验证的关键环节。之后的编码系统最终解决了这个问题。

我们可以根据需要使用任何信号调制红外光束，因此红外传输的应用不只限于遥控领域。例如，某些无线耳机和发射器之间通过红外链路传输数据，不过蓝牙正在逐步淘汰这种方式。

另一方面，使用红外而非蓝牙同样有其优点。由于红外传输是单向进行的，只要耳机位于发射器的传输范围内，一台发射器就能同时向尽可能多的耳机发送信号。最新的蓝牙规范支持并行使用两部同步设备（如耳机），所以通过红外线传输音频的优势也在逐渐消失，最终必然退出历史舞台。

与前述红外音频分布类似，所有恒定的红外流都会显著增加背景噪声，必然会缩短同一空间内其他红外系统的传输距离——如同过量的阳光照射会影响红外遥控器的范围一样。

1993 年，红外数据协会（IrDA）发布 IrDA 协议，以规范设备之间的短距离数据传输。IrDA 协议是大约 50 家企业合作的成果，这些企业共同组建了红外数据协会，并以此命名实际的红外协议。

膝上计算机、相机、打印机等各种设备可以通过 IrDA 协议相互传输数据。但在蓝牙和 Wi-Fi 技术出现后，IrDA 实际上已销声匿迹，因为所有新的便携式大众市场设备都采用内置的无线电解决方案取代之前的 IrDA 端口。不过，大多数早期的智能手机配有 IrDA 端口，在某些情况下可以通过特殊的应用程序用作遥控器。

尽管 IrDA 已退出历史舞台，光通信却方兴未艾。例如，最新的光保真技术（Li-Fi）采用可见光作为传输介质，能实现高速双向数据传输。

Li-Fi 诞生于 LED 设备开始取代传统灯泡之际。发光二极管属于半导体，可以采用极高的频率进行调制。所有 Li-Fi 调制解决方案形成的"闪烁"速度比人眼能感知的速度快数百万倍，因此用户不会注意到 Li-Fi 通信有何负面影响。Li-Fi 目前刚刚投入商用，但实践证明这项技术的数据传输速度超过 200 Gbit/s。

作为第一家新兴的商用 Li-Fi 解决方案提供商，pureLiFi 曾推出一款数据速率为 40 Mbit/s 的产品，与低端 Wi-Fi 设备不相上下。

可见光和红外线都无法穿透墙壁，所以不会受到邻近设备的干扰。Li-Fi 的优点就在于此，因为 Wi-Fi 始终需要解决干扰问题。毫无疑问，Li-Fi 信号只能在受限空间中传输，但由于墙壁可以反射光线，因此 Li-Fi 信号可以覆盖位于"角落"的设备。

曾在英国爱丁堡大学任教的哈拉尔德·哈斯教授率先提出了 Li-Fi 技术的概念。2010 年，哈斯及其团队在爱丁堡大学数字通信研究所启动开创性的 D-Light 项目。成功验证 Li-Fi 概念后，哈斯于 2012 年和他人共同创立 VLC 公司。VLC 后来更名为 pureLiFi，哈斯目前担任首席科学官。

pureLiFi 仍然处于起步阶段，但已引起众多风险投资的注意。2016 年，公司完成 1000 万美元融资，利用这笔资金推动 Li-Fi 技术的商业化。

这种可见光通信技术具有很大的增长潜力。Wi-Fi 网络的普及导致网络拥塞越来越明显，Li-Fi 技术有望为解决干扰问题提供替代方案。

无论哪种新技术，制定通用标准都是关键所在，Li-Fi 联盟目前正在致力于这项工作。通用标准将为制造商创造所需的安全环境，以生产可以集成到大众市场设备的必要电子元件。为实现新的光通信范式，相互兼容且经过标准化的 Li-Fi 组件必须像目前的 Wi-Fi 无线接口一样便宜和常见，从而获得大众市场的认可。

Li-Fi 与 Wi-Fi、蓝牙、GPS 等解决方案的发展轨迹完全相同，且具有较高的数据速率。正因为如此，外界预计可见光将成为无线通信发展的下一个助推器。

1917 年，阿尔伯特·爱因斯坦提出受激发射理论；1947 年，科学家首次在实践中证实这项理论。受激发射可以产生相干性极强的单向光束。

这种效应通常称为受激辐射光放大，简称激光，它已成为现代通信的基石之一：全球纵横交错的高速光纤数据电缆使用激光作为数据传输介质。

光的频率很高，能支持极高的调制带宽，数据传输速度因而比铜缆快数百倍乃至数千倍。

如今，激光已随处可见，成本也很低。售价仅为几美元的激光笔不仅可以在演示文稿时用作"虚拟教鞭"，这种小玩意产生的小红点也令追逐它的猫狗陷入无尽的疯狂之中。

自然光源向各个方向随机辐射能量，而激光在很远的距离上也不易发散。没有哪种透镜系统的均匀性能媲美激光束：如果使用激光照射月球，则月球表面的光斑直径不会超过 2 千米。考虑到地月距离接近 38 万千米，这个结果令人印象深刻。

在通信领域，激光的应用不仅限于条形码读取器和光纤数据电缆。从无线连接的角度看，激光已成功应用于人造卫星和地球之间的各种通信——无论卫星位于地球轨道还是太阳系之外。

2001 年，欧洲航天局通过某地面站与对地静止卫星"阿特米斯"首次进行空间光通信试验，上行（地面到卫星）速率达到 10 Gbit/s。而在美国国家航空航天局进行的试验中，下行（卫星到地面）速率约为 400 Mbit/s。

美国国家航空航天局还保持着最远的双向激光通信链路记录，当时地球与"信使"号水星探测器相距 2400 万千米。这个距离几乎是地球静止轨道距离的 700 倍，约为地球和火星平均距离的 10%。

由于激光设备的尺寸和能耗较小，且可以提供更快的数据传输速度，欧洲航天局与美国国家航空航天局正积极研究在今后的行星际探测器中使用激光替代无线电通信或作为无线电通信的补充的可能性。假以时日，当人类前往火星时，地球与火星之间的主干数据链路很可能以激光为基础。

当然，不要指望能在火星上浏览地球的网站。因为信号需要 4 到 24 分钟才能从地球到达火星，具体时间取决于两颗行星的相对位置。

虽然光速非常快，但即便在太阳系内，宇宙之大也超乎想象。星宇浩渺，从阿雷西博信息可见一斑：1974 年，波多黎各阿雷西博天文台通过巨型射电望远镜向球状星团"梅西耶 13"发送了一条简单的问候消息。阿雷西博信息由210个字节的二进制信息构成。除其他信息外，还包括对 DNA 双螺旋结构、人类形态、太阳系结构的精炼描述。

这是人类迄今为止距离最远的无线通信试验，将在大约 2.5 万年后到达目的地。姑且不论"梅西耶 13"的文明能否收到阿雷西博信息，任何回复显然要再经过 2.5 万年才能到达地球。

相比之下，2.5 万年前的人类尚处于石器时代末期。

同样，有史以来距离地球最远的空间探测器是 1977 年发射的"旅行者一号"。这艘空间探测器目前正以每秒 17 千米的速度飞行，将在大约 7.36 万年后到达距离地球最近的恒星——比邻星。

最令人称奇之处在于，"旅行者一号"离开地球 40 年后仍在正常工作，通过其微弱的 22 瓦发射机向地球传回测量数据，并借助 3.7 米长的微波天线接收来自地球的指令。尽管"旅行者一号"发送的信号以光速传播，但依然需要近 20 个小时才能到达地球（图 14-2）。

图 14-2 "旅行者一号"拍摄的地球和月亮的照片

得益于人类在利用电磁波方面积累的经验，以及以麦克斯韦理论为基础的数学知识，科研人员提前计算出"旅行者一号"所需的天线尺寸和传输功率。因此，在这艘空间探测器发射近半个世纪后，我们依然能从如此遥远的距离接收信号。

这是自然科学验证理论猜想的又一例证。

结语及致谢

首先，我要感谢我的父母。

差不多半个世纪前，他们从当地图书馆借来一本介绍基本电子电路的图书，告诉我"你可能会感兴趣"。我搭建了第一个能使小型白炽灯闪烁的简单触发器电路并沉迷其中，那本书激发了我毕生对电子产品的兴趣。

一系列实践活动由此开始：从制作传输距离为 3 千米的非法调频发射机，到和热情的朋友一起"试验"炸药的起爆计时器。成长于芬兰偏远乡村的我与朋友们在这些"试验"中毫发无损，令人颇为惊讶。

我对电子产品的兴趣无疑要归功于具有世界一流水平的芬兰公共图书馆系统。如今，这一系统甚至可能太过优秀，因为其服务早已不限于免费借阅书报和杂志。总之，在 20 世纪 70 年代，年少的我就能在芬兰鲁奥科拉赫蒂的拉西拉小型市立图书馆找到各种资料，这一切简直不可思议。

拉西拉图书馆甚至配有专车，每周将精选图书送往偏远乡村。如果读者没有找到想看的图书，可以要求专车在下周送过来。

近年来，不少讨论都围绕全球教育体系的比较质量展开。而课程中越来越多地纳入以信仰为基础的"事实"，也令外界对科学颇有微词。这种现象在美国的部分地区尤其突出，往往得到捐赠者的巨额资金支持。实际上，许多虔诚的捐赠者曾通过在商业活动中应用自然科学而发家致富，如今却似乎在积极压制子孙后代的科学思维。

与这种现象形成鲜明对比的是，北欧国家普遍采用以事实为基础的同质化教育体系。在事实和虚构变得越来越难以区分的当下，北欧国家的学校倾向于为学生提供日后进行批判性思维所需的必要基础知识。

然而，社会之间的差异远不止教育方面的差异。资源丰富的图书馆可以为青少年提供大量事实和虚构信息，这些信息无疑在他们的成长历程中扮演了重要角色，且往往关乎他们对学习的热情。

在我看来，通过无线网络接入互联网是下一个重要的均衡器，因为几乎所有人都能随时随地按自己的节奏利用现有和不断扩大的信息库。互联网正在成为全新、通用且面向全人类的亚历山大图书馆[①]。

信息就是力量。通过赋予全球所有人获取信息的权利，我们可以共同成就伟大事业。无线技术催生出"口袋网络"，访问这座全新且无处不在的虚拟图书馆因而变得易如反掌。

---

① 亚历山大图书馆始建于公元前 3 世纪，是全世界历史最悠久、规模最大的图书馆之一。——译者注

人类社会的持续繁荣与新技术息息相关。但难以理解的是，人们甘愿抛弃冰冷的自然科学，转而开始宣扬毫无根据的信念。这种现象在伊斯兰国和"博科圣地"等暴力宗教团体中最为明显——"博科圣地"一词的大意为"西方教育是一种罪恶"。极端组织对教育和科技嗤之以鼻，殊不知最基本的武器和通信系统也离不开科技。没有科研成果作为支撑，极端分子只能用木棍和石块发动袭击，并在由先进技术武装起来的现代军队面前瞬间灰飞烟灭。

更令人担忧的是，甚至最发达的国家似乎也在越来越多地提倡"虚构"而非科学。否认全球变暖、谴责疫苗接种等现象再次抬头，从长远来看，它们会给成千上万人带来致命的后果。

愚蠢的"地平说"信徒堪称"逻辑混乱"的代名词，他们认为太空飞行不过是全球数十家航天机构散布的弥天大谎。在这些"地平者"看来，大批受过良好教育、训练有素的专业人士将生命浪费在每天精心制作大量虚假的"太空"图片，甚至还不停地从国际空间站伪造视频。

即便通过"地平者"日常使用的服务甚至某些简单的事实——比如驶离港口的船只显然会消失在地平线以下——指出"地平说"中明显的矛盾之处，他们也不会承认。"地平者"只接受与其世界观相符的"科学依据"，视其他一切为骗局。

这种现象如今大行其道，背后的原因是什么呢？

在我看来，技术的巨大进步以及新发明的易用性日益增强，使我们与一切有助于改善日常生活质量的真正根基渐行渐远。从表面上看，新事物背后的技术高深莫测，因此很容易为那些纯属胡说八道的解释张目。

此外，消费者遭到电影的狂轰滥炸。颠覆物理规则的行为在电影中比比皆是，导致现实的界限愈加模糊：如果蜘蛛侠能在飞行的喷气式飞机机翼上行走自如，而戴安娜·普林斯 [②] 面对机枪扫射毫发无损，那么真正统治世界的变形蜥蜴人为何不使用携带致命化学药剂的商用喷气式飞机来控制人类呢？

追求"特殊"是人类的共性。遗憾的是，这种特殊往往是阿甘风格的"特殊"，并无善意可言。

更糟糕的是，向愿意接受的大众兜售这些"另类真理"有利可图，导致谨小慎微的参与者纷至沓来，期望从这种自甘无知中牟利——他们提出疯狂的主张，将某些可怕的事件描绘成阴谋论的一部分，并通过大批受众将之变为一项利润丰厚、可重复进行的业务。

2018 年，就连现任美国总统也通过推特转发了若干来源非常可疑且证实为虚假的信息，并斥责专业新闻机构的报道为"假新闻"。这些推文立即得到数百万用户"点赞"，并被某大型电视网和少数几家报道所谓"真实新闻"的网站奉为圭臬。

因此，尽管能近乎无限地获取知识，但我们的集体批判性思维能力似乎在迅速弱化。互联网力量的终极悖论在于，部分人不再信任科学，却利用科学创造的工具来宣传自己的观点，而这些工具正是他们所极力贬低的。

---

② 电影《神奇女侠》（*Wonder Woman*）中的超级英雄角色。——译者注

岁月流逝,亚历山大图书馆逐渐毁于愚昧统治者操纵的暴民之手。互联网不应重演类似的一幕,听任有意为之的谎言淹没我们。

假如基于信念而非事实做出重要决策的做法成为常态,最终将削弱相关国家的技术竞争力。

正如已故的卡尔·萨根所言:

> 我们生活在一个高度依赖科学技术的社会,但几乎没有人了解科学技术。

本书试图剖析无线通信的本质。很多时候,无线技术好似炫酷的魔术;实际上,这项技术仍然建立在坚实而冰冷的物理原理之上。

我在搜集本书的写作素材时发现,目前通过互联网可以获取的信息量大得令人难以置信。即便是最隐晦的细节,也从未像今天这样容易核实。

倒退几十年,解决问题需要大量经验积累:一个人之所以能成为某个领域的专家,是因为投入大量精力日以继夜地寻找各种问题的解决方案和变通方法。

如今,快速有效地搜索信息并评估信息质量才是关键所在。

就大多数技术和科学问题而言,至少到目前为止,网络上的虚假数据尚未泛滥成灾。然而,越接近历史(尤其是政治)领域,越需要权衡信息来源是否准确。即便信息来源可靠,有时也存在细节不一致的情况。而且时间越久远,差异似乎越大。

正确评估信息来源的声誉是21世纪的必修课,应该纳入全世界(而不仅仅是北欧国家)学校的教学计划。正如我们在2016年所看到的那样,确凿的不实之词通过互联网和其他媒体广为传播,甚至可以左右美国大选的结果,对所有人产生极其不利的潜在影响。

谷歌在创建虚拟亚历山大图书馆的过程中厥功至伟,但我一点也不欣赏这家科技巨擘处理隐私的方式:无论用户注册哪种谷歌服务,都会跳转到谷歌的信息收集网络,这种处理方式并无值得骄傲之处。

虽然互联网搜索领域的开拓者众多,但全球信息索引的最佳解决方案出自谷歌之手。至少从表面上看,这家科技巨擘在积极确保其搜索结果真实可信,而这项任务并不简单。

只希望谷歌不会太过明显地放弃最初的座右铭"不作恶"③——隐私应该是人类与生俱来的权利,而非由第三方过度收集、从中牟利并转售给出价最高者的商品。

在计算机职业生涯初期,我记得曾与海莫·科沃就若干技术细节进行过深入交流,从而掌握了如何使用浅显易懂的语言解释复杂的问题。

当无法通过简单的网络搜索找到问题的答案时,与这位经验丰富的专家交流令我受益匪浅。科沃传道受业,指导我如何处理复杂的问

---

③ 2018年4月,谷歌将"不作恶"从公司行为准则的序言中删除,仅在最后一句中予以保留。此举据称和谷歌参与美国军方的一个人工智能项目有关,该项目致力于使用机器学习技术分析无人机拍摄的视频,从而提高识别目标的速度。谷歌员工担心这项技术会使人工智能技术武器化,违背了"不作恶"的道德准则。数千名员工致信管理层表示抗议,多名员工因此事提出辞职。——译者注

题，以方便背景知识不多的受众理解。我在职业生涯中做过许多公开演讲，与科沃的交流令我受益良多。

首先，我要感谢负责本书前期校对工作的格蕾丝·罗斯。

英语并非我的母语，因此书稿中不可避免会出现许多小错误和奇怪的句法结构。罗斯不仅投入大量精力校对早期的书稿，还建议我调整书稿的部分内容，以方便对数字系统了解不多的读者阅读。

同样，琳恩·艾米森改定的书稿令人大开眼界，她对细节的关注无可挑剔。

我投身无线通信领域多年，要特别感谢前雇主诺基亚，尤其是曾担任诺基亚首席技术官的于尔约·内乌沃。诺基亚之所以能在技术方面取得巨大成功，内乌沃功不可没。他建议我加盟技术发展研究所，这是诺基亚设在巴西的研究机构。

在诺基亚和技术发展研究所工作期间，我对无线革命有了深刻的全局性认识。身处巴西而非芬兰（诺基亚总部所在地），使我得以同时从外部和内部深入思考诺基亚开创性的手机部门为何没落。

虽然失误葬送了手机部门，但诺基亚依然是首屈一指的无线网络基础设施提供商，我对此深感欣慰。诺基亚的研究部门似乎也在积极发掘有趣的新领域，希望这一次不要重蹈手机时代的覆辙——公司内部许多相当不错的研发项目从未展现在世人面前。

本书粗具规模后，我的朋友和前同事安德烈·埃尔塔尔率先通读了尚不成熟的书稿。

埃尔塔尔乐于阅读科学文献，对科技领域和生活中的一切新鲜事物抱有无尽的好奇心。他的初步反馈帮助我确定了本书的写作方向。

我毕生的挚友和计算机专家于尔约·托伊维艾宁也对书稿提出意见和建议。他鼓励我"本书终将付梓"，这种传统、低调的芬兰式赞许推动我不断前进。

我在诺基亚的部分前同事审读了有关蜂窝网络演进的技术性内容。尽管他们不愿透露姓名，我仍然要对他们提出的宝贵建议表示最诚挚的谢意。

整理这些故事耗时近两年，但逐一列出我在这段时间看过的图书、文章、新闻短片、视频与网站并不现实——我的目的是讲述一些妙趣横生的故事，而非进行科学研究。

如果读者希望深入了解本书讨论的部分内容，建议阅读以下著作。

在本书提到的所有人物中，我个人最欣赏尼古拉·特斯拉。

总之，特斯拉是 20 世纪最多才多艺的发明家之一，他在无线技术领域的研究成果只占其一生成就的一小部分。

有关特斯拉发明的阴谋故事想必会令读者流连忘返，而玛格丽特·切尼撰写的《被埋没的天才：科学超人尼古拉·特斯拉》对特斯拉的一生做了全面描述。

加密已成为现代通信的基本需求，人类使用加密的历史远比想象得要早。西蒙·辛格在《码书：解码与编码的战争》中介绍了这段引人入胜的历史。

如前所述，荒谬的伪科学正以惊人的速度蔓延开来。在我看来，卡尔·萨根的《魔鬼出没的世界：科学，照亮黑暗的蜡烛》是探讨这个问题的最佳著作。

无论出于何种目的，否认或人为贬低科学发现最终都不利于实现人类的共同目标——让这个星球更合适人类生活与学习。

我希望尽我所能，通过本书对如今人们高度依赖的无线通信技术做一剖析。表面上看，无线通信似乎并不复杂，但事实并非如此——无数伟大人物呕心沥血，甚至穷尽一生致力于改进基础技术。

最后，我要感谢无线通信领域的所有知名人物和无名英雄。是他们创造了这一切，令这个世界变得更加美好。

技术交流

追本溯源

就技术角度而言，最初的无线电是简陋的机电设备，利用线圈、变压器与所谓的火花隙技术产生无线电波。通常来说，火花隙技术只是通过实际的高压火花流产生射频噪声。更糟糕的是，产生的频率并不精确。

因此，传输信号会"渗透"至相邻的信道，导致很难在火花隙式发射机附近使用调谐到不同信道的接收机。位于相邻信道的两台发射机很容易相互干扰。虽然提高发射功率有助于扩大传输范围，但潜在的干扰也会随之增加。

遗憾的是，在无线电发展初期，设备制造商往往利用这种令人生厌的副作用故意干扰竞争对手的传输，从而毫无必要地损害了无线电的感知有用性[1]。

---

[1] 感知有用性（perceived usefulness）定义为用户认为使用某种系统能提高工作绩效的程度，它是技术接受模型的主要决定因素之一。——译者注

272

产生的信号并未经过调制：电键控制火花隙式发射机在全功率和零功率之间切换，因此可以用作灵活的通断开关，产生解析为莫尔斯电码的高频脉冲。

在莫尔斯电码中，每个字母由一组短脉冲（点）和长脉冲（划）表示。这些组合根据英文字母的统计表示加以优化，从而能最大限度缩短使用电脉冲传输英语文本所需的总时间。例如，最常见的字母"E"在莫尔斯电码中表示为一个短脉冲（点），字母"I"表示为两个短脉冲（点），而字母"A"表示为一个短脉冲（点）和一个长脉冲（划），以此类推。

当然，德语或斯瓦希里语的字母统计分布不尽相同，因此不会优化为莫尔斯电码。但无论如何，全球范围内均采用相同的字母编码方案，人们也为各个地区的特殊字母新增了冗长的代码。

这种基于脉冲的通信方法已在世界各地纵横交错的电报线路中投入使用，因此无线电传输采用相同的方法不足为奇，而通过已有的报务员也不难找到通晓莫尔斯电码的专家。

受纯机电系统所限，减少发射机产生的干扰并非易事，这种情况直到真空管技术出现后才有所改进。但接收端的情况同样不容乐观。

早期设计采用金属屑检波器检测无线电信号。金属屑检波器是一种带有两个电极的玻璃管，里面装有金属屑；当电磁波通过连接天线进入金属屑检波器时，金属屑的导电性会发生变化。

通过这种方式就能检测到载波（未调制的高频传输），而电导率的变化可用于驱动纸带机或将声音传送至耳机。

接收下一个脉冲前必须重置检波器内的金属屑。为此，需要以机械方式敲击检波器，这种"敲击"能使金属屑恢复到低电导状态，但也令金属屑检波器非常容易受到机械干扰和电气干扰。因此必须投入大量精力来设计必要的散屑器部件，以便在接收每个脉冲后重置金属屑检波器。

1890 年，法国物理学家爱德华·布朗利发明了第一种金属屑检波器，这种检波器以及后续检波器的内部原理堪称那个年代的魔法：当时，无线电领域的开拓者通过反复调试才取得进展。

事后看来，这些五花八门的电路能实现数千千米的通信着实令人惊叹，彰显出人类的聪明才智在不断超越现有技术（无论它们多么原始）的极限。时至今日，人们仍然没有完全理解金属屑检波器背后的物理原理，但并未妨碍发明者将其用作无线电接收机的关键部件，不断测试新设计以改善接收机的频率选择性。

火花隙式发射机技术产生的载波频谱较宽，下一步主要解决由此引起的干扰问题。为此，研究重点转向发展高调谐的连续波传输。这些系统能产生正弦波（固定频率的纯信号），从而显著减少火花隙式发射机产生的广谱无线电噪声。

人们最初利用传统的机电式交流发电机产生连续波。这种发电机具有更高的转速与更致密的线圈结构，可以产生射频振荡。最知名的机电式连续波发射机当属亚历山德森交流发电机，其功率足以支持跨大西洋通信。

1907 年诞生的三极管使机电式系统出现划时代的突破。

顾名思义，三极管是一种包括 3 个嵌入式金属端子的真空管。3个端子密封在玻璃管中，所有空气均已排出。电流流经两个端子（阴极和阳极），第三个端子（栅极）的控制电压可用于增加或减少主电流。三极管最根本的开创性特点在于，控制电流的微小变化会导致从阴极流向阳极的电流发生较大变化。借助三极管的帮助，放大天线接收到的微弱信号首次成为现实。

三极管的不足之处在于，为保持电流流动，必须通过特殊的发光灯丝为阴极内部加热。与传统灯泡一样，这种灯丝的寿命有限，一旦损坏就会导致三极管失效。商用三极管的预期寿命在 2000 到 10 000 小时之间，因此在最坏的情况下，三极管连续使用 3 个月后就要更换。

维持实际电路运转需要电量，加热灯丝同样非常耗电，这对所有通过电池供电的设备来说都是个挑战。最后，三极管中用于容纳真空的玻璃管在物理冲击下脆弱不堪。

虽然存在上述不足，但三极管的诞生使无线电技术步入固态电子时代，这项技术出现翻天覆地的变化：设备不再需要笨重而复杂的活动部件，因此在传输信号质量和接收机选择性方面比第一代设备更坚固、更小巧且更胜一筹。此外，真空管的规模化生产使价格迅速下降。总而言之，正如第 4 章所述，这一根本性变化成为广播革命的推手。

第二次固态电子革命始于 1947 年，以晶体管的诞生为标志。

最初的晶体管与三极管的工作原理并无二致，其控制电极被称为基极，用于控制发射极和集电极之间更强的电流。但由于制造晶体管的材料是半导体，因此晶体管既不需要内部真空的玻璃管，也不需要特殊且耗电的加热灯丝。相较于三极管，晶体管不仅体积更小，能效也更高。因为没有灯丝，只要晶体管的工作条件保持在规格范围内，其寿命实际上是无限的。

硅是制造晶体管最常用的半导体材料，这种材料储量丰富，价格低廉。与真空管不同，晶体管很容易就能实现超大规模生产：如果批量购买，单个通用晶体管的成本不足 1 美分。

得益于制造工艺的改进，晶体管最根本的优点在于可以制造出完整的集成电路。集成电路由最初数以千计、目前数十亿计相互连接的晶体管构成。

在如今这个以计算机技术为先导的时代，微芯片是幕后推手，它们的形状、尺寸与功能各异。如果读者浏览微芯片分销商得捷电子的网站并搜索"integrated circuit"（集成电路），会得到超过 60 万个结果。虽然许多微芯片仅能实现某种特定的功能，但是拜微处理器（一种重要的微芯片）所赐，如今几乎所有设备都已具备通用计算功能。

多年来，晶体管技术历经几代改进，发展出一系列成本更低、能效更高的产品。最简单的微处理器由数十万个内部晶体管构成，而批量生产方法使这种微处理器的价格降至 1 美元以下。

通过改变微芯片晶体管的内部结构和布线，极小的空间内蕴含无穷变化。图形处理器便是一例：最新的虚拟现实系统使用这种经过特殊设计的元件，能为用户提供身临其境、模拟现实世界的三维体验。

另一方面，微控制器芯片将微处理器的逻辑功能与合适的接口电路相结合，从而用最少的外部元件创造出通用设备。微控制器经过编程后可以执行用户需要的任何功能。

微芯片使人类的想象力如虎添翼。而在今后几十年中，目前基于晶体管的技术似乎存在很大的功能扩展空间。

如果采用适当的反馈电路，那么所有可以放大信号的电子元件也能以非常精确的频率振荡。对所有之前用于产生射频信号的笨重机电元件来说，三极管的问世堪称致命打击。

三极管不仅能产生纯连续正弦波，还能产生比机电元件更高的频率，从而增加了通信信道的数量。产生纯正弦波并精确控制传输频率可以显著减少信道之间的干扰，因此优于早期的火花隙式发射机。而在晶体管诞生后，能耗与可靠性均有改进。

埃德温·霍华德·阿姆斯特朗于1918年发明超外差技术，接收端性能由此出现重大突破。这项技术以雷金纳德·费森登在13年前获得专利的外差原理为基础。

频率越高，增益越低（即便使用有源电子元件也是如此），因此很难直接放大天线接收到的高频信号。

而超外差接收机将天线收到的弱高频信号与本地振荡器稳定的低功率频率进行混合，产生易于放大的低频中间信号。有别于放大直接收到的高频信号，这种放大低频中间信号的方式十分巧妙，接收灵敏度因此大为提高，从而能在无须增加传输功率的情况下收听到更远处的无线电台。

除可以精确选择频率外，新型发射机还使用调幅技术：不必通过电键控制发射机的通断状态，而是在最大值和最小值之间动态调整传输功率。因此，如果利用音频信号控制调幅发射机，就能在通信中使用语音而非速度相对较慢的莫尔斯电码。

虽然语音很快成为无线电传输的主要内容，但莫尔斯电码一直沿用到 1999 年，才不再作为远距离海上通信的国际标准。莫尔斯电码同样广泛用于业余无线电通信以及航空领域的甚高频全向信标（VOR）无线电导航辅助设备识别。

现代航空设备会自动将接收到的莫尔斯电码（3 个字母）转换为文字并显示在飞机的导航设备屏幕上，飞行员因而不必再人工验证 VOR 台的莫尔斯电码标识符，不过航空图中仍然会标出 VOR 台标识符对应的点划。

尽管早已实现自动化，但 VOR 台仍在使用莫尔斯电码。莫尔斯电码因此成为全球沿用至今、历史最悠久的电子编码系统。

调幅技术存在固有的局限性：如果调制信号电平较低，则传输功率同样较低；而接收信号的功率越低，同一信道上的干扰越大，导致接收信号的质量越差。

由于模拟电视传输同样采用调幅技术，当电视没有传输图像且屏幕全黑时干扰最为明显——如果一辆点火电路屏蔽性不佳的摩托车从电视机附近驶过，会导致黑色图像上出现随机的白点。我们可以通过反转调制信号解决这个问题：当屏幕全黑时传输功率最大，从而掩盖了原本在黑色背景上异常明显的低电平干扰。

为提高音频传输的质量，阿姆斯特朗发明了调频技术并于 1933 年取得专利。调频发射机以连续的最大功率发送数据，而调制信号会使实际的传输频率（而非振幅）发生微小变化。无论瞬时调制电平如何，接收信号电平始终最大，所以接收不易受到杂散干扰。此外，调频技术能最大限度扩大传输范围。

因此，调频信号存在一个中心频率，其附近的频率不断偏移，偏移宽度与调制深度有关。接收机随后检测到中心频率附近的恒定偏移，并将其转换为原始调制信号。

调制信号的频谱越宽，传输信道所需的带宽越大，正因为如此，只有在传输频率至少达到几十兆赫时，应用调频技术才有实际意义。

调频信号音质的改善以及甚高频的应用，最终催生出目前普遍采用的调频广播频段，即我们熟知的 87.5 MHz 到 108 MHz。仅有少数国家没有采用这一通用频段。最知名的当属日本，其调频广播频段为 76 MHz 到 95 MHz。

调幅传输仍然是低频传输的首选方式。低频信号的传输距离很远，甚至可以跨越大洲。这是因为低频信号以地波的形式随地球曲率变化，并从电离层（大气层上层的带电区域）反射回地面。

频率越高，这种现象越弱；在正常条件下，调频传输中已完全看不到这种现象。因为信号沿直线从发射机天线直接发送出去，不会从电离层反射回地面，也没有地波效应。如果调频接收机距离调频发射机过远，导致收发天线之间由于地球曲率的影响而无视距存在，则接收质量会因信号进入大气层而迅速下降。大多数广播调频发射机始终采用很高的发射功率，而调频接收机的相对高度对接收距离的影响更大。在人口稠密地区，如果在飞行高度为 3000 米或更高的飞机上收听调频广播，那么调节频道时会突然收听到大量远方的电台广播——这是驳斥地平说的又一个简单证据。

天线塔之所以很高或建在山顶，是因为调频信号沿直线传播。根据传输天线的高度，我们一般只能收听到 200 千米范围内的调频广播；而由于地波和电离层反射，我们可以收听到数千千米外的调幅广播。

调频信号和电视信号的远距离高频接收只能在罕见的反射性大气条件下进行，往往与大型高压区域有关。当电离层受到更高水平的太阳风搅动时，对流层（大气层的最下层，天气现象主要发生在这一层）将信号反射到更远的距离。无论哪种情况都会形成中短期反射，甚至更高的频率也会反射回来，到达数百乃至数千千米以外的接收机。在规划调频广播网的信道分配时需要考虑视线限制，如果接收机与发射机相距过远，这种"无线电天气"可能会造成严重的干扰。换言之，同一信道上另一台发射机的反射信号可能强到完全阻塞其他传输。

由于这种特殊的反射率情况不断变化，加之调频接收机会在同一信上出现两个信号时锁定其中一个信号，因此可能出现调频接收机自动在两个传输之间不断切换的情况。

如果流星恰好在用户与远方发射机之间的正确位置进入大气层，则有一定概率出现极其罕见的反射现象：流星燃烧产生的电离空气可能会反射足够强的信号，从而在短短几秒内阻塞微弱的调频信号，如同收音机在短时间内自动切换频道一样。年少的我在"寻找"远程电视广播时曾亲身经历过这种流星散射现象：我将电视调到芬兰某个没有使用的频道，期望捕捉到酷热高压引起的远距离反射，却突然从丹麦收到一幅理想的电视测试图像，但两三秒后即消失不见。不得不说，成长于芬兰乡村使我在消磨业余时间方面颇具创造力。

我们可以利用单边带调制实现超远距离无线电传输，它是另一种有效的调幅技术。1915年，约翰·伦肖·卡森取得单边带调制的专利；但直到12年后，这项技术才首次投入商业使用，用作纽约与伦敦之间跨大西洋公共无线电话线路的调制方式。

相较于普通的调幅传输，单边带调制的传输效率更高，因此无须增加传输功率就能扩大接收范围。调幅和调频技术非常适合调制模拟信号，但对于仅由一连串1和0构成的数字信号来说，两种调制技术的频谱效率和抗干扰性均非最佳。为最大限度获得可用信道的带宽，既可以调制信号的频率和振幅，也可以调制信号的相位。

最常用的数字调制技术称为正交频分复用（OFDM）。受篇幅所限，本书无法详细讨论这项技术。简而言之，OFDM能充分利用可用频谱，对各种常见的无线电干扰也有较强的抵抗力（比如由大型物体或山脉反射引起的多径传播干扰）。正因为如此，本书讨论的众多无线解决方案（包括Wi-Fi、WiMAX与4G LTE）均采用OFDM作为调制方式。

在实际应用中，无线电通信所用的电磁波谱称为无线电频谱，范围从甚低频（低至3 kHz）到极高频（高至300 GHz）。由于频率变化属于线性变化，因此各个频段的界限并非绝对。不同频段之间的变化是渐进的，但通常的范围如下：

- 甚低频（VLF）：3 kHz ～ 30 kHz；
- 低频（LF）：30 kHz ～ 300 kHz；

- 中频（MF）：300 kHz ～ 3 MHz；
- 高频（HF）：3 MHz ～ 30 MHz；
- 甚高频（VHF）：30 MHz ～ 300 MHz；
- 特频（UHF）：300 MHz ～ 3 GHz；
- 超高频（SHF）：3 GHz ～ 30 GHz；
- 极高频（EHF）：30 GHz ～ 300 GHz。

如果频率低于 3 kHz，则很难实现有意义的调制，在无线电频谱中，更低的频率适用于潜艇水下通信等某些非常特殊的场合：潜艇拖曳天线长达数千米，可以在水下数百米接收极低频（ELF）信号。

雷达、Wi-Fi、微波炉等许多技术使用的微波始于无线电频谱高端的特高频。微波的频率上限为 300 GHz，一旦超过 300 GHz，电磁波的传播特性将发生根本性变化：首先是红外线，然后是可见光与紫外线，最后是穿透性极强的 X 射线与伽马射线。

总而言之，电磁波谱包括大量可供选择的有用频率，这些频率的特性大相径庭。例如，低频适用于大洲之间的通信甚至水下通信；而高频支持多种调制技术，因此可以承载大量信息。

伽马射线是核反应的产物。超新星爆炸或黑洞碰撞产生的最高能量伽马射线可以从已知宇宙的另一端到达地球，它们穿过地球比光线穿过透明的玻璃还容易。

频率较高的那部分紫外线、X 射线、伽马射线共同构成包含电离辐射的电磁波谱，因此这些高能射线会危害一切活体组织。微波不属于电离辐射，它只是在极小的区域内产生热量。

综上所述，固态电子革命以其精确调谐的高频发射机与选择性超外差接收机，成为现代无线社会最根本的突破。

技术的发展促使人们在 1927 年起草了大规模限制火花隙式发射机使用的法案：一夜之间，开创性的火花隙式发射机成为三极管时代接收机的主要干扰源。

晶体管诞生后，无线电接收机和发射机的基本原理并未改变，但能效、可靠性与尺寸取得了长足进步。近年来发生的微芯片革命最终使这项技术再次焕发青春。

就本质而言，无线电波是一种有限的共享资源。其无界传输特性要求各方密切协作，以避免不同用户之间相互干扰。国际电信联盟是频率分配的最高管理机构，负责处理全球范围内与频率分配有关的问题。对地静止卫星的频率分配便是一例。

在国际合作的基础上，几乎所有国家都已建立各自的监管机构，负责管理境内各种频段的分配和使用。由于历史原因，频段分配往往因地区而异。随着技术的发展，某些频段的使用逐渐过时，并由监管机构重新分配。例如，部分电视频率如今已另作他用。

容量之谜

我们对模拟手表与数字手表的概念耳熟能详：模拟手表利用线性走动的指针指示时间，数字手表则利用连续翻转的不同数字显示时间。这两个概念在本质上完全相同，但二者准确诠释出模拟和数字的实际含义。

在模拟系统中，信号以线性方式变化；而在数字系统中，信号以固定步长变化。除非从原子或量子层面进行观察，否则我们身边的一切似乎都是模拟的。无论采用多么精确的方法测量自然事件，它们似乎都是从 A 点向 B 点发展，并在此过程中触及两点之间每一个可能的点——夜幕降临时，阳光没有任何明显征兆就消失不见；随着天空逐渐变暗，星光越发灿烂。而如果以足够高的帧率记录闪电，那么也能清晰分辨出闪电的形成、增长、衰减与消失。

计算机处理信息的方式则截然不同。信息在计算机内部以比特的形式存储，只有 0 和 1 两种状态。电灯开关与之类似：电灯要么打开，要么关闭；计算机中不存在半开半闭的概念。

如果系统（比如音响设备）只有开和关两个选项，无疑会令人恼火——有孩子的家庭想必深有体会。为此，计算机将任意数据处理为比特集合，划分为较大的单元以方便传输和操作。比特集合的实际含义完全取决于实现，既可以表示数字化图片，也可以表示家庭报警系统的事件历史记录、最喜欢的音乐或你手中这本《无线通信简史》。凡此种种，不一而足。

上述描述几乎奠定了所有数字数据的基础：一切信息都是或大或小的比特集合，这些比特表示的内容完全由实现决定，而实现只是人机之间的"君子协定"。换言之，我们只是简单定义了某种格式的数据具有某种含义。

如果希望计算机与模拟系统之间相互通信，需要将线性变化的值转换为固定的数字流。只要以足够高的量化精度和足够快的速度重复这一过程，人类有限的感官机能就无法分辨出个中差异。

以标准的光盘数字音频（CDDA）为例，在一首乐曲的任何时刻，每个立体声声道的分辨率为 16 比特，即 65 536 步长。值为 0 表示没有声音，值为 65 535 表示理论最大声音（约为 96 分贝）。

简而言之，如果能充分利用这一动态范围，则完全可以满足所有 CDDA 预期用例的需要。因为安静房间的环境噪声级约为 30 分贝，而 130 到 140 分贝会使人感到不适。因此，如果将音频设备放大到在环境噪声中也能听到激光唱片的最低音量，那么最大的音量会损害听力。

如果希望将原始音频转换为 CDDA 格式的数字音频，则需要以每秒 44 100 次的速度对两个立体声声道的信号进行采样（量化精度为 16 比特）。44 100 Hz 称为采样频率。之所以选择"44 100"这个神奇的数字，是因为奈奎斯特定理指出，为再现原始波形，采样频率至少要达到源信号最高频率的两倍。

由于人耳能感受到的最高频率约为 20 000 Hz，因此在飞利浦和索尼（激光唱片的发明者）的工程师看来，采样频率为 44 100 Hz 足以满足音乐采样的需要。

2 字节（16 比特）可以表示 65 536 个不同的值，所以每个立体声信号的样本大小为 4 字节。如果采样频率为 44 100 Hz，那么存储时长 1 秒的立体声 CDDA 音频需要 176 400 字节。

虽然数字音频的音量总是以步长为单位变化，但它们很小且变化很快，因此人耳难以区分。当然，"金耳朵"[2]音频纯粹主义者对CDDA 的音质不屑一顾。

在现实生活中，随着依赖有损压缩算法的流媒体音乐服务大量涌现，较低的音质可能会蒙蔽我们的"模拟"耳朵。例如，声田和苹果音乐均采用有损压缩，所有对人耳感知能力不甚重要的声音都已滤除。因此，如果完全从数字层面比较流式数字数据与原始采样信号，那么二者几乎没有共同之处。但是受人脑的心理声学所限，大量用户满足于这些流媒体音乐服务，他们对这种非常真实的内在差异毫不在意。

由德国弗劳恩霍夫协会主导制定的动态图像专家组 -1 音频层 III（MP3）标准是第一种得到广泛应用的有损音频压缩算法，其他较新的标准包括高级音频编码与 Ogg Vorbis。而心理声学领域的理论研究从 19 世纪末就已开始。

用户使用智能手机通话时的声音或电视摄像机的视频都属于模拟信号，将模拟信号转换为计算机可以处理的比特集合的过程被称为数字化。计算机在一刻不停地进行这种转换，因为计算机无法处理模拟信号，必须借助模数转换器将模拟信号转换为数字信号。如果计算机需要将数字化数据恢复为人类可以使用的模拟信号，则通过数模转换器完成转换。

我们可以对数字化数据做进一步处理，以减少存储和传输数据所需的空间，这是模拟信号转换为数字信号的另一个优点。如前所述，有损压缩算法能显著减少数字化信息的大小；但如果要求准确再现原

---

② "金耳朵"指听觉非常灵敏、可以分辨出细微声音变化的人士，他们对音乐和器材具有极高的鉴赏能力。——译者注

始信息，那么也可以使用无损压缩算法。

试举一例。如果数字化数据包括 5000 个连续的 0，那么将 0 保存到 5000 个连续的存储单元并无必要。我们可以定义一种简写格式，声明"接下来的 5000 个数字均为 0"。如此一来，存储 5000 个数字所需的空间能减少 90%（具体取决于所定义的无损压缩算法）。

这种方法有助于节省大量存储空间或传输带宽，但同样要付出代价：如果希望访问压缩数据，则必须消耗计算能力来解压数据。

数字信号处理器可以实现动态压缩，它已成为目前所有数字通信系统的基本要素。控制数字信号处理器的程序被称为编解码器；在第一代模拟蜂窝网络向第二代数字蜂窝网络的发展中，编解码器扮演了重要角色。

从第一代蜂窝网络演进到第二代蜂窝网络时，利用编解码器的实时转换能力，我们可以将 3 个数字语音信道压缩到之前仅能处理 1 个模拟信道的无线电频谱中，从而充分利用宝贵的频谱资源。因此，如果其他条件不变，那么相同带宽能处理的用户数量将增加为原先的 3 倍多。数字化处理与后续压缩有助于节省大量存储空间，这样的例子不胜枚举。

如前所述，单个比特是计算机可以处理的最小信息单位。但出于实用性考虑，计算机存储器设计用来处理更大的数据块：最常见的信息单位是字节，1 字节包括 8 比特。

每个比特或者为 1，或者为 0。稍作计算可知，8 比特共有 2^8 种可能的组合，因此一个字节可以表示 256 个不同的值。256 个值足以囊括美国信息交换标准代码（ASCII）定义的所有英文字母、数字与特殊字符——实际上，一个字节中仍有128种可能的比特组合没有使用。

那么，如何处理其他字母表中的特殊字符呢？人类发明了用不同语言表达文字的不同方法，而一个字节中其余128种比特组合无法表示所有特殊字符。

因此，我们熟知的互联网通常采用称为UTF-8的文本编码标准来显示用户每天浏览的页面。UTF-8是"8位通用编码字符集转换格式"的缩写（这种命名方式显然出自工程师之手），它是一种可变长度字符表示：前128个字符与原始ASCII表一致，而其他单个字符需要1～4字节来表示。

例如，在UTF-8中，欧元货币符号"€"由3个字节表示，其值分别为226、130、172；而小写字母"a"仅由一个字节表示，其值为97，与ASCII标准的值相同。因此，采用UTF-8格式表示"a€"需要4个字节，其值分别为97、226、130、172。

仅当采用UTF-8格式处理文本时，这种连续字节值的组合才表示"a€"。因此必须以某种方式告诉计算机所处理的内容属于文本，且文本应解析为UTF-8格式。

类似地，计算机使用的所有数据最终都会分解为字节块。计算机在存储这些字节块时，总能通过某种约定的机制获知当前字节块表示的实际内容，如文本文件、图片、视频、电子表格等。采用哪种机制完全取决于实现，方法并不复杂，比如使用文件名中的某个后缀，或文件开头的一组特定字节。

就本质而言，计算机中的所有数据都是一串 0 和 1，通常以 8 比特为一组存储在一个字节中。字节是计算机内部访问的最小单位。

本书英文版约有 90 万字节，包含所有格式以及 LibreOffice（主要用于撰写原始手稿）文本文件所需的其他信息。处理如此大的数字并非易事，所以我们适当采用前缀加以简化。90 万字节可以表示为 900 千字节。"千"是一种前缀词头，比如 1 千克等于 10^3 克。900 千字节通常写作 900 kB。

另一个常用的乘数是兆字节（MB），1 兆字节等于 100 万字节。换言之，这本 90 万字节的《无线通信简史》包含 0.9 MB 的数据。

普通的 USB 存储卡与 Micro SD 卡采用大致相同的内部存储技术，二者目前的容量以吉字节（GB）为单位计算。1 吉字节等于 1000 兆字节，也可简写为 "1 GB 等于 1000 MB"。例如，截至本书写作时，16 GB 存储卡的价格不到 5 美元，大约可以保存 1.6 万册《无线通信简史》。

那么，看似很大的 16 GB 存储卡是否能用很久呢？很遗憾，答案是否定的。

就存储要求而言，保存文本只需很少的空间，其他类型的数据则有所不同：使用高质量智能手机拍照时，根据图片的复杂程度，存储一张图片所需的空间约为 2 MB 到 5 MB，实际尺寸因有损压缩而异。有损压缩能最大限度减少所需的存储空间，可用的压缩级别取决于图片结构。因此，16 GB 存储卡可以保存大约 4000 张图片。

对普通用户而言，16 GB 并不算少。但我在快速计算自己的图片存储库后发现，到目前为止，我的存档图片数量已接近 1.6 万张。所有图片既可以保存在 4 张 16 GB 存储卡中，也可以保存在一张 64 GB 存储卡中。目前，64 GB 存储卡的价格约为 20 美元。

使用智能手机拍摄视频对数据存储的要求更高。例如，时长 1 分钟的高清视频需要占用 100 MB 左右的存储空间。换言之，16 GB 存储卡仅能保存大约 15 分钟视频，远远无法满足需要。

加之新的超高分辨率 4K 视频以及今后将投入应用的 360 度虚拟现实视频格式，对数据的存储需求显然永无止境。

幸运的是，存储器价格一直在下降，而可用容量却在增加：几年前，64 GB 存储卡的价格约为 100 美元；但倒退 15 年，这种容量的存储卡还遥不可及。

然而，如果希望保存更多数据，则需要改用硬盘等其他类型的存储介质。截至本书写作时，市场上在售的硬盘容量已达到 10 太字节（TB），1 TB 等于 1000 GB。

无论是各种存储设备的可用容量，抑或读写存储设备的新技术，都在不断向前发展。而计算机或智能手机用于处理实际数据的内存容量要小得多。

人们对便携式设备的期望越来越高，对平稳运行的要求也在逐步提高。目前，运行应用程序所需的设备内存在 1 GB 到 16 GB 之间。理论上说，容量越大越好。但设备内存与之前讨论的存储器性质不同且价格更高，因此容量并不大。

　　USB 存储卡、智能手机的闪存与传统硬盘的磁存储器均属于非易失性存储器。换言之，关闭电源时，保存在存储器中的数据不会丢失。

　　相反，智能手机操作系统在运行应用时使用的内存属于易失性存储器。一旦智能手机关机，保存在易失性存储器中的所有数据都会丢失。大多数非易失性存储器的访问时间较长，而易失性存储器的读写速度极快，处理器因而能以最快的速度运行应用。

　　仅当需要加载或存储数据和应用时，系统才会访问速度较慢的非易失性存储器，而其他所有处理操作均在易失性存储器中以最快的速度完成。

　　某些类型的非易失性存储器还会限制存储单元在磨损或失效前的写入次数。不过对大多数实际应用而言，这个次数大到可以忽略不计。

　　最后需要提醒读者，无论使用何种容量或类型的长期存储设备，始终应准备至少一个备份（两个更好）；为避免火灾或失窃，请勿将备份数据与计算机放在一起。此外，建议每周用另一张存储卡保存数据、委托朋友保管或采用云备份服务保存重要数据。

　　数据损坏、失窃或误删除通常都发生在用户最不希望发生之时。请记住，仅在云端保存一份镜像副本并不够。因为如果不慎删除本地副本，那么删除操作可能会在下一次同步设备时出现在云中，从而覆盖已有的副本。务请经常保存工作数据，因为计算机在关键时刻崩溃的情况并不鲜见。

　　建议保存多个版本的工作数据，但不要总是使用相同的名称保存。

可供使用的版本号并无限制,如果数据不慎损坏,我们可以"回到过去"。撰写本书时,我一共保存了近 400 个版本,其中一个版本曾挽回我在某次深夜会议中犯下的错误——仅此一项,保存这么多版本就有价值。

结束关于镜像和复制数字数据的讨论后,我们将注意力转向无线通信。无论通过哪种数据传输连接上传或下载所有图书、图片与视频,通常使用比特每秒(kbit/s)表示可用的数据传输速度。

如果扣除确保数据传输成功所需的开销,那么通过传输速度为 1 kbit/s 的信道发送 1 MB 数据大约需要 8 秒(因为每字节有 8 比特需要发送)。

考虑到数据编码、将数据拆分为单个分组以及各种检错和纠错方案产生的开销,乘数为 10 完全可以满足一般计算的需要。

检错和纠错方案在传输信号中加入附加信息,以便从数学上验证接收数据是否正确。在某些情况下,如果检测到的误差不太大,甚至可以恢复原始信号。

无线通信的可用速度与所用频段、每个信道的可用带宽、同一信道的并行用户数量、调制类型、发射机和接收机之间的距离等多种因素有关,所有因素都会影响传输信道可能达到的最大速度。

我们举个极端的例子。2015 年,美国国家航空航天局的"新视野"号探测器在飞掠冥王星时,采集了超过 5 GB 的冥王星及其伴星"卡戎"的图片和其他数据,这些信息全部存储在星载非易失性存储器中。

所有数据和图片采集工作在短短几小时内就自动完成。但由于"新视野"号只能以平均 2 kbit/s 的速度将收集到的数据传回地球，因此美国国家航空航天局耗时近 16 个月才安全接收完最后一批数据。如果"新视野"号在这 16 个月中发生故障，地球将永远和剩余图片失之交臂。

考虑到"新视野"号与地球之间的距离，即便信息以光速（30万千米每秒）传输，从冥王星发送的单个数据分组也需要 5 个多小时才能到达地球。

低端家庭 Wi-Fi 网络的理论最大数据速率通常为 54 Mbit/s。因此在最佳条件下，"新视野"号发送的数据将在大约 16 分钟而非 16 个月后经由这种 Wi-Fi 连接到达地球。

目前最先进的蜂窝数据网采用高级长期演进技术，其理论数据速率达到 300 Mbit/s。换言之，这种网络只需不到 3 分钟就能接收完毕"新视野"号的图片。

根据同时访问同一蜂窝基站的并发用户数，实际的数据传输速度将有所降低。同样，用户与基站的距离以及用户设备与基站之间的障碍物也会对数据速率产生很大影响。但实际的平均下载速度可能达到数十兆比特每秒，完全能满足大多数应用的需要。

对城市居民而言，目前的最佳解决方案是采用以光纤数据电缆为载体的固网连接。因为城市地区的可用连接速度通常为 100 Mbit/s，一般用于数据上传和下载。此外，现有产品的速度越来越快，价格也越来越低。

但随着更复杂、更有趣的新用例不断涌现，无论当前的高速技术多么先进,也会在几年后成为明日黄花。数据通信解决方案将不断满足人们日益增长的需求。目前,第五代(5G)网络建设正在铺开,其速度有望10倍于第四代(4G)网络——如果使用5G信道,那么"新视野"号的全部飞行数据将在1秒内传输完毕。

然而,凡事都有两面,更快的速度也意味着更高的功耗:所有数据分组都要处理,可能需要解密和解压操作,且数据必须在某个位置实时存储或显示。

连接速度越快,操作对计算能力的要求越高,而计算能力又与这些操作的耗电量息息相关。微芯片技术的进步确实减缓了这种趋势,因为新型微处理器的内部晶体管体积更小,执行同等数量的处理任务时耗电量更少。到目前为止,我们对于可用容量的运用已驾轻就熟。因此,除非电池技术取得实质性突破,否则电池容量仍将是制约无线设备使用的根本因素。

隐性成本

我们无法从虚无中提取信息。

在无线电通信中,即便传输信号是严格位于指定载波频率的纯正弦波,采用另一个信号调制原始数据以嵌入信息也会导致传输信号扩展至部分相邻的频率,而无法保持在明确指定的某个频率。

虽然信道频率仍是传输原始数据的频率,但信号将"溢出"至信道频率两侧的相邻频率。这一小段相邻的频率称为信道,信道的大小称为带宽。简而言之，调制信号的最高频率越高，需要的带宽越多，所以信道越宽。模拟传输遵循以下简单规则：信道宽度两倍于调制信号的最高频率。

因此，如果采用 600 kHz 的载波频率调制电话质量的语音信号（最高频率为 4 kHz），则信道宽度为 8 kHz，频率范围从 596 kHz 到 604 kHz。

为避免干扰，相邻数据传输的频率之间必须相隔至少一个带宽。因此，如果采用一段固定的频率传输数据，则这段频率可以容纳的信道数量取决于能并排放置多少个带宽大小的频率块。

无线电频谱划分为多个频段，大多数人至少熟悉两种常用的频段，因为所有收音机都有调幅和调频选择器。"调幅"和"调频"实际指调制类型，但二者同样可以表示两种不同的频段。

调幅频段的范围通常从 500 kHz 到 1700 kHz，在无线电频谱中的正式名称为中频。美洲地区的信道宽度定义为 10 kHz，因此调幅频段理论上可以容纳 120 个宽度为 10 kHz 的独立信道。

10 kHz 可以满足谈话类广播节目的带宽需求，但不适用于音乐类节目，因为最高调制频率必须低于 5 kHz。人耳能感受到的频率范围充其量为 20 Hz 到 20 kHz，因此调幅广播播放的音乐节目听起来质量很差不足为奇，谈话类节目则完全没有问题。

由于低频信号随地球曲率变化，因此我们能收到距离很远的调幅广播，使用低频频段的优点就在于此。

顾名思义，调幅频段的所有信号都经过振幅调制。而调频广播的频段范围通常为 87.5 MHz 到 108 MHz。换言之，即便是调频频段的最低频率，也几乎 50 倍于调幅频段的最高频率。

如果采用与调幅频段相同的信道带宽，则调频频段可以容纳 2000 多个信道。但人们并非最大限度增加信道数量，而是利用更高的频率将单个信道扩展为 100 kHz，从而实现质量更好的音频传输：调频音频信号的调制带宽为 15 kHz，对大多数普通人而言已绰绰有余，因为人耳能感受到的最高频率会随着年龄的增长而衰减，而传统音乐的频率通常不在 15 kHz 到 20 kHz 的范围内。

从理论上说，如果信道宽度为 100 kHz，则调频频段（87.5 MHz 到 108 MHz）可以容纳 200 多个独立的信道。由于音频调制不会耗尽所有可用带宽，因此除传输声音外，调频信道完全能另作他用。额外的带宽通常用于传输电台名称、正在播放的歌曲等信息，以便接收机显示。从第 4 章的讨论可知，如果信道较宽，就能采用与单声道调频接收机兼容的方式传输立体声。

某些限制会导致调频频段的实际信道容量减半。尽管外差原理少有人知，但目前所有调频接收机均以这种原理为基础。

标准的调频接收机采用超外差模型，所以中间频率 10.7 MHz 用于局部放大接收信号。如果使用高于当前信道频率 10.7 MHz 的频率，那么所有调频接收机也能同时充当低功率发射机。

正因为如此，位于同一覆盖区域的两家电台频率相差 10.7 MHz 绝非明智之举。例如，两家电台的频率分别为 88.0 MHz 和 98.7 MHz，则收听 88.0 MHz 电台的听众会对收听 98.7 MHz 电台的听众造成干扰。因为 88.0 MHz 电台的本地振荡器将产生一个频率为 98.7 MHz 的低功率信号，其强度可能会妨碍 98.7 MHz 电台接收信号。电台之间最多相隔几十米就会出现问题——无论是交通堵塞时收听广播的驾车用户还是公寓楼的邻里之间，都可能相互干扰。

使用两台模拟调频收音机很容易观察到这种现象：先将第一台收音机调到某个测试频率，再将第二台收音机调到恰好比测试频率高 10.7 MHz 的频率，则第二台收音机将无法收到任何信号。

由于中间频率（10.7 MHz）的存在，某些国家仅允许数字调谐的调频接收机在 87.5 MHz 与 107.9 MHz 之间使用以奇数结尾的频率。这是因为本地振荡器的频率始终以偶数结尾，没有其他接收机或发射机使用这些频率。一个国家的调频发射机总是采用以奇数结尾的频率发送信息，因此可供使用的信道数量会减少一半，但在高密度城市地区可以不受干扰地使用所有信道。

随着调制信号越来越复杂，信道宽度也会逐渐增加。如果希望容纳多个传输复杂调制信号（如电视传输信号）的信道，则必须使用更高的频率。例如，地面电视传输采用无线电频谱的特高频（300 MHz 到 3 GHz）收发数据。

在电磁波谱中，微波的频率范围在 300 MHz 和 300 GHz 之间，多个数字电视信号可以通过一个较宽的微波信道传输。这些高容量信道用于卫星通信以及众多点对点地面微波链路。

水分子会吸收微波，从而影响信号接收。如果使用微波作为传输介质，则强降雨或暴风雪会在短时间内降低卫星电视广播或低功率地面微波链路的信号强度，导致接收中断。

可见光的频率在数百太赫兹（THz）左右。如果使用可见光作为传输介质，则很薄的障碍物就能完全阻挡信号传输。

频率越高，产生的电磁波能量越大，二者成正比关系。因此，比可见光频率更高的紫外辐射足以穿过障碍物。强紫外线、X 射线与伽马射线都能深入物质，三者共同构成电磁波谱的电离辐射部分。

这 3 种电磁波的能量足以在撞击原子时撞出电子，因此会危害有机体的安全。紫外辐射非常强，可以置细菌于死地，而过量接受太阳的紫外辐射也会诱发皮肤癌。

探测 X 射线和伽马射线是射电天文学的重要任务，有助于人类了解黑洞形成、太阳内部运动等复杂的现象。伽马射线位于电磁波谱的顶端，它是已知最强的辐射类型。

电磁辐射的另一个基本要素是波长。电磁信号以正弦波的形式在空间中传输，信号波长由完成一次振荡所经过的距离决定。波长等于光速除以频率，因此信号的频率越高，波长越短。

极低频（3 Hz 到 30 Hz）的波长可达数万千米，电视和调频广播频段（30 MHz 到 300 MHz）的波长约为数米，而可见光（430 THz 到 750 THz）的波长仅为数纳米（十亿分之一米）。

信号波长会影响天线设计。对某种频率的天线而言，如果天线长度与信号波长以固定的比例相匹配，则天线的性能最佳。例如，常见的四分之一波长单极天线由金属杆与合适的接地面构成，金属杆的长度为所需频率的波长的四分之一。

频率越高，天线越短，所以使用更高的频率能有效缩小军用无线电设备的尺寸。而目前的手机使用吉赫频段传输数据，因此完全可以使用内置天线。

综上所述，电磁波的特性因频段而异，每个频段都有各自的最佳应用场景。频率越高，可供使用的调制技术越多，每秒可以传输的信息量也越大。然而，不同频率在地球电离层中的传播方式以及通过墙体、雨雪等中间物质的方式同样存在很大差异。因此，选择哪种频段完全取决于所规划的应用及其场合。

网状组网

将电缆埋入地下或架设电线杆的成本很高，导致许多欠发达国家无力改善通信基础设施。

制造电缆的铜价值不菲，吸引窃贼剪断电缆后作为废金属出售。雷暴经常导致铜缆出现故障，尤以农村地区为甚，因为铜缆广泛用于农村地区且往往暴露在外。电缆越长，附近的雷暴活动越容易引起感应过电压，而感应峰值电流很容易损坏链路两端的电子设备。

相比之下，光纤数据电缆对暴风雨不那么敏感。但在目前，光缆需要更昂贵的基础设施构件，所以往往成为制约因素（特别是农村地区）。

正因为如此，直接构建蜂窝网络对许多国家来说是更好的选择：

只要在城乡腹地建设为所有用户提供即时连接的蜂窝发射塔，每个家庭就无须再耗时费力地接入有线网络了。

尽管基站与其他通信基础设施之间仍然需要复杂的高带宽有线连接或专用的微波连接，但连接的数量已从数百万个降至数千个。

10 年前，我到访肯尼亚时购买了一张当地的 SIM 卡供手机上网使用，而蒙巴萨郊区的连接速度和质量令人惊讶。手机革命使许多国家一步跨入完全互联的社会，显著促进了当地贸易的发展。蜂窝网络带来的经济效益不可估量。

当手机成为唯一的通信工具时，基于手机的无现金支付系统（如肯尼亚的 M-Pesa）经过近 10 年的发展才进入发达国家，这一点不足为奇。

新兴市场经济体倾向于"绕过电缆"，这种具有开创性意义的趋势也在向发达国家转移。以美国为例，仅使用手机的家庭数量在 2017 年超过安装固网电话的家庭数量。这些用户并非因为没有固网电话而选择手机，而是将现有的固网电话拒之门外。

得益于"足够快"的第四代网络，互联网连接如今也在逐步无线化。无线互联网服务通常得到电话公司的补贴，这些公司乐见其昂贵的有线基础设施遭到淘汰。

但在许多地区，这种以蜂窝技术为基础的无线革命尚未出现。因为基站的安装和维护成本仍然相对较高，需要达到一定的最低投资回报率才有实际意义。此外，为保护基站设备或常驻备用发电机储备的燃料免遭失窃，必须在某些不稳定地区部署武装安全力量。

　　如果"客户群"只是生活在热带雨林腹地的野生动物，与最近的文明世界有数百千米之遥，且只有当"客户"在隐藏的相机陷阱③前徘徊时才需要连接，那么该如何处理呢？如果希望在某偏远乡村为数百名临时用户提供某种无线互联网服务，而村中只有一条接入互联网的有线连接，那么又该如何处理呢？

　　答案是构建网状网。

　　从本质上说，网状节点是可以动态适应周围环境的无线电设备。换言之，节点在一定范围内搜索其他兼容的无线电设备，并维护网络中所有其他节点的连接和路由图。

　　太阳能野生动物摄像机就是典型的网状节点，其无线电发射机/接收机的覆盖半径达到数千米。

　　网状节点通过适当的模式扩展，每个节点与至少一个其他节点相连。当所有节点都连接到附近的一个或多个节点时，只需几十个节点就能覆盖数百平方千米的区域，且数据仍然可以自由跨越网状网传输。换言之，消息由相邻节点逐跳传输。

　　如果网状网中的某个节点可以接入互联网，那么所有节点都能通达全球任何地区，反之亦然。

　　在人口稠密地区，可以利用廉价的 Wi-Fi 硬件与改进的外部天线构建网格大小为 200 到 500 米的网状网，并从 Wi-Fi 的高带宽中受益。

③ 相机陷阱（camera trap）是采用动作传感器或红外探测器作为触发装置的遥控相机，由研究人员或摄影师固定在某处以拍摄不易直接拍摄的画面，多用于野生动物观察。——译者注

深层网状网的不足之处在于，同一数据必须经过多次重新传输才能到达目的地。因此，如果流量很大，最近的节点会经常使用带宽和能量来中继从其他节点收到的消息。此外，为降低成本并减少功耗，大多数解决方案采用廉价的标准硬件，且只有一套无线电电路。因此，节点无法同时收发数据，导致可用带宽减半。

我们可以利用专用的网状网硬件为核心路由流量和网络端点流量单独创建无线电信道，以提高整体网络吞吐量性能，但节点的功耗也会相应增加。

当网状网接入互联网时，如果大量用户试图同时访问互联网，则单个用户的可用带宽将迅速减少。但在许多情况下，连接速度很慢也胜过完全无法连接。由于正常浏览网页不需要持续传输数据流，所以服务多个用户并非难事，因为系统会以交错方式传输他们的请求——前提是没有太多用户同时观看视频或其他流媒体内容。

在最佳条件下，网络拓扑的密度应足够大，以便整个网状网能更好地适应变化：如果一个节点由于某种原因失效，那么可以绕过该节点并改用其他可用的节点来路由数据。

因此，所有网状网的共同点在于能自动适应不断变化的不利环境。从这个意义说，网状网借鉴了现有互联网协议（IP）网络的功能，而IP网络同样根据互联网不断变化的路由情况来路由每个单独的数据分组。

除这一基本要求外，我们还能根据预期的应用模型和可用的功率限制来自由设计网状网。

　　FabFi 是现实生活中一种典型的网状网，用于覆盖阿富汗和肯尼亚的城镇。这种网络的可达吞吐量超过 10 Mbit/s，完全能满足偶发的连接需求。

　　网状网同样适用于发达国家。例如，底特律社区技术项目通过维护一组相互连接的网状网来推动公平互联网倡议，以改善底特律的网络状况——底特律是网络连接最不发达的美国城市之一，约有四成居民无法上网。随着越来越多的服务只能通过互联网访问，这种数字鸿沟进一步导致民众与社会疏远。通过共享设置提供连接，成本可以降至能支持大量非付费用户的水平。在遭受严重经济衰退的打击后，网状网有助于底特律恢复元气。

　　手持终端甚至也能充当网状网中的节点。许多国家已经部署了基于陆地集群无线电（TETRA）的应急无线电网络。TETRA 以数量相对较少的传统基站为基础构建，但如果飓风或地震摧毁部分或全部基站，则 TETRA 手持终端也能配置为中继节点。

　　如果频繁使用中继功能，手持终端将始终保持开机，电池寿命无疑会大幅缩短。但手持终端薄厚并非 TETRA 设计中的考虑因素，因此相较于普通的智能手机，TETRA 手持终端可以配备续航力更强的电池。

　　TETRA 的历史可以追溯到 20 世纪 90 年代，因此属于面向语音的系统，数据连接的性能非常糟糕。但 TETRA 提供强大的手持终端且内置网状网功能，因此在新版 4G 或 5G 标准支持由手机构成的网状网功能之前，TETRA 的地位难以撼动。

　　网状网是推动物联网新概念发展的潜在技术之一，物联网环境中遍布简易传感器以及其他有用的设备。这些设备会不定期产生数据，并在需要时将信息中继给某个集中式处理单元。这个"主节点"负责提供外部互联网连接，以控制并访问整个物联网的数据。

网状网同样适用于军事领域，因为战场或许是高度动态环境的绝佳范例。确保通信质量可靠且适应环境变化在战时至关重要。如果预期的业务量密度和节点之间的距离恰好适应节点的功率容量，则网状网将达到"甜蜜点"[④]。凭借其动态适应性，网状网能有效适应网络拓扑的变化，且易于构建和扩展，并为利用电磁波提供了又一种选择。

无线圣杯

在实际的无线电通信中，频率会不断变化。同样，从火花隙、发电机到固态电子器件，从最初的真空管到目前的晶体管和微芯片，如何产生无线电波的问题也已解决。

在信号产生的过程中，第三个重要因素是调制。无论数字电视还是用于移动通信的窄带音频，调制技术要么适用于所用的频段，要么适用于需要传输的信息类型。

即便采用最好的固态电子器件，也很难放大提取自接收天线的低电平高频信号。因此必须先将微弱信号转换为低频信号，接收机才能继续放大和解调。天线长度同样是制约因素之一，因为天线通常只能

---

④ 甜蜜点（sweet spot）原为高尔夫球术语，指在击球瞬间，球与杆面发生接触的最佳区域，在甜蜜点击球能使球的飞行距离最远。此处的"甜蜜点"指网状网的最佳状态。——译者注

在一小段频谱上达到最佳调谐效果。

这些限制因素导致人们被迫使用专用的电子器件。而实际电路采用固定的频段和调制方案，无法在电路组装完毕后进行调整。不过，近年来的 4 项技术进步正在挑战这种主流方案。

首先，如今已能制造出内部杂散电容极低的特殊晶体管。这种晶体管可以在吉赫范围内放大频率，接收天线因而能捕获微弱信号并直接放大，无须先转换为某种中间频率。

其次，数字信号处理的成本越来越低，速度越来越快。之所以如此，往往归因于我们对数字"时间杀手"（如游戏机和高清数字电视接收机）的需求日益增长。

再次，基础计算能力的发展仍然遵循最初的摩尔定律。该定律指出，封装在微芯片中的晶体管数量大约每两年增加一倍。单位面积能容纳的晶体管数量越多，晶体管的体积越小。在大多数情况下，这意味着内部杂散电容减小，从而有助于提高可实现的最大开关速度并降低整体功耗。无须对现有软件做任何修改，就能直接从更快的处理速度中受益。

此外，二维芯片设计即将转向三维芯片设计，从而使硅芯片能容纳更多晶体管。而可供选择的晶体管越多，可以使用的处理技术（如并行处理）就越复杂。

最后，相较于传统的固定天线，正在开发的智能自适应天线有望在更宽的频率范围内收发数据。

所有这些因素推动我们逐步接近无线通信的终极圣杯——软件定义无线电（SDR）。

在 SDR 接收机中，天线收到的信号经过直接放大并进入高速模数转换器，然后依照传统的计算机逻辑交由信号处理器电路进行处理。如此一来，接收信号可直接转换为比特流，而针对比特流的操作仅受到可用计算能力的限制。

希望通过电路收听调频广播？只需加载合适的软件。希望现有手机能使用新的调制技术？只需加载包含处理新调制技术所需逻辑的新软件。当困在某个没有蜂窝覆盖的偏远岛屿时，希望通过手机向卫星发送搜救信号？只需从菜单中选择合适的选项以启动相应的软件模块，就能模拟出标准的 406 MHz 个人示位标。

拜足够快的 SDR 技术和智能天线解决方案所赐，即便今后采用新的调制技术和频段，用户设备也不会因此而过时——无论是能加快无线数据连接速度的新兴调制技术，抑或供蜂窝连接使用的新频段都无妨，只需升级软件即可。

我们不必使用不同的电路处理蓝牙、Wi-Fi、蜂窝网络、GPS 等各种连接模式，而是利用速度足够快的单一电路以并行方式运行所有模式。目前，得益于内置的硬连线逻辑⑤，构成设备无线电电路基础的微芯片已能并行处理多种不同类型的无线电，而 SDR 有望显著增强灵活性并在今后发掘出更多的应用场景。

---

⑤ 硬连线逻辑（hard-wired logic）是由数字逻辑电路构成的不可修改的控制电路。——译者注

　　采用完全可编程的硬件同样能加快新协议的开发速度，因为只要编写新的控制软件就能在实践中进行各种测试，而不必沿袭过去的模式：首先开发新的电路，然后等待电路制成极其昂贵的第一代微芯片，却因为某些无法预见的小问题而被迫弃之不用。

　　如果一切源于软件且周围不乏聪明的程序员，那么滥用的可能性将显著增加。例如，在开放的 SDR 环境中运行恶意代码会破坏整个蜂窝网络——现有的蜂窝网络以共同商定的标准为基础，因此连接两端的设备理应正常工作。而在正确的时间发送畸形数据[⑥] 很容易导致蜂窝网络瘫痪，开发相应的 SDR 程序也非难事。

　　尽管存在某些隐患，但 SDR 技术正在迅速发展。业余爱好者只需花费几百美元就能买到 SDR 电路板，并利用这些设备为各种协议创造出完全基于软件的演示程序（包括模拟 GSM 基站的功能）。

　　虽然 SDR 技术在实际应用中仍有诸多局限性（特别是无线电频谱宽度与智能天线技术），但其发展方向十分明确：一旦 SDR 电路的成本降至足够低，它将成为所有无线设备的核心。

　　SDR 有望为人类利用电磁波谱提供前所未有的灵活性，它堪称无线通信的圣杯。

---

⑥ 畸形数据（malformed data）是无法读取或不能正确处理的数据。——译者注

名称索引

A

H

I

M

N

O

P

Q

R

S

W

X

Y

Z

版 权 声 明